Liebe Leserin, lieber Leser,

wir freuen uns, daß Sie sich für ein Buch der Reihe Galileo Business entschieden haben.

Auch von der Informationstechnik gilt: Sie ist nur so gut, wie man ihre Möglichkeiten kennt und die Aufgabe, zu deren Lösung sie dienen soll. Galileo Business bietet sowohl das Business- wie das Computing-Wissen, das für den betriebswirtschaftlichen Einsatz von IT erforderlich ist. Die Reihe zeigt, welches betriebswirtschaftliche Anwendungspotential in IT-Systemen steckt und wie man es zur Steigerung der unternehmerischen Wertschöpfung nutzen kann.

Jedes unserer Bücher will Sie überzeugen. Damit uns das immer wieder neu gelingt, sind wir auf Ihre Rückmeldung angewiesen. Bitte teilen Sie uns Ihre Meinung zu diesem Buch mit. Ihre kritischen und freundlichen Anregungen, Ihre Wünsche und Ideen werden uns weiterhelfen.

Wir freuen uns auf den Dialog mit Ihnen.

Ihr Galileo-Team

Galileo Press
Rheinaustraße 134
53225 Bonn

lektorat@galileo-press.de

Wolfgang Langer
Maschinen- und Anlagenbau
Rollen und Prozesse

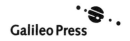

Die Deutsche Bibliothek – CIP-Einheitsaufnahme
Ein Titeldatensatz für diese Publikation ist bei
der Deutschen Bibliothek erhältlich

ISBN 3-934358-08-X

© Galileo Press GmbH, Bonn 2000
1. Auflage 2000

Der Name Galileo Press geht auf den italienischen Mathematiker und Philosophen Galileo Galilei (1564–1642) zurück. Er gilt als Gründungsfigur der neuzeitlichen Wissenschaft und wurde berühmt als Verfechter des modernen, heliozentrischen Weltbilds. Legendär ist sein Ausspruch **Eppur se muove** (Und sie bewegt sich doch). Das Emblem von Galileo Press ist der Jupiter, umkreist von den vier Galileischen Monden. Galilei entdeckte die nach ihm benannten Monde 1610.

Lektorat Tomas Wehren, Oliver Knapp
Textredaktion Johannes Gerritsen
Einbandgestaltung Barbara Thoben, Köln
Herstellung Petra Strauch, Bonn
Satz reemers publishing services gmbh i.g., Krefeld
Druck und Bindung Bercker Graphischer Betrieb, Kevelaer

Das vorliegende Werk ist in all seinen Teilen urheberrechtlich geschützt. Alle Rechte vorbehalten, insbesondere das Recht der Übersetzung, des Vortrags, der Reproduktion, der Vervielfältigung auf fotomechanischem oder anderen Wegen und der Speicherung in elektronischen Medien.

Ungeachtet der Sorgfalt, die auf die Erstellung von Text, Abbildungen und Programmen verwendet wurde, können weder Verlag noch Autor, Herausgeber oder Übersetzer für mögliche Fehler und deren Folgen eine juristische Verantwortung oder irgendeine Haftung übernehmen.

Die in diesem Werk wiedergegebenen Gebrauchsnamen, Handelsnamen, Warenbezeichnungen usw. können auch ohne besondere Kennzeichnung Marken sein und als solche den gesetzlichen Bestimmungen unterliegen.

Inhalt

Einführung 9

1	**Das Produkt im Mittelpunkt** 19	
1.1	Marktbezogene Produktbetrachtung 20	
1.2	Mitarbeiterqualifikation zum Erstellen des Produktes 21	
1.3	Produktionsanlagen ausgerichtet an der Produktstrategie 21	
1.4	Zulieferer ausgewählt nach Produktstrategie 21	

2 **Praxiserfahrungen** 23
2.1 Anlagenbau 23
2.1.1 Kundenauftragsorientierung 23
2.1.2 Hohe Komplexität des Produktes 24
2.1.3 Globalität 25
2.1.4 Meist geringe Fertigungstiefe – hoher Zukaufteil 25
2.1.5 Hoher Planungs- und Koordinierungsaufwand 26
2.1.6 Änderungsvielfalt 28
2.2 Sondermaschinenbau 29
2.2.1 Fertigungstypenvielfalt 30
2.2.2 Dispositive Vielfalt 32
2.3 Standardmaschinenbau 32

3 **Rollen im Maschinen- und Anlagenbau** 35
3.1 Die Geschäftsleitung und ihre Stabsstellen 37
3.1.1 Der Geschäftsführer 37
3.1.2 Das Produktmanagement 42
3.1.3 Die Zentrale Auftragsleitstelle (ZAL) 47
3.1.4 Das Qualitätsmanagement 53
3.1.5 Die Organisation von Informationstechnologie 53
3.2 Das Personalmanagement 55
3.3 Das Kundenmanagement 57
3.3.1 Marketing 58
3.3.2 Vertrieb 60
3.3.3 Projektmanagement 62
3.3.4 Servicemanagement 63
3.4 Das technische Management 69
3.4.1 Engineering 71
3.4.2 Produktionsmanagement 72
3.4.3 Materialmanagement 74
3.4.4 Versand 74

3.5	Das kaufmännische Management	76
3.5.1	Rechnungswesen	77
3.5.2	Controlling	79

4	**Die Geschäftsprozesse der Stabsstellen der Geschäftsleitung**	**83**
4.1	Das Produktmanagement	83
4.1.1	Produktdatenmanagement	83
4.1.2	Produktentwicklung	93
4.2	Die Zentrale Auftragsleitstelle (ZAL)	95
4.2.1	Umsatzkapazitätsplanung	95
4.2.2	Grobkapazitätsplanung (Projektplanung)	96
4.2.3	Terminplanung	98
4.2.4	Terminkontrolle	99
4.2.5	Terminsitzung	99
4.2.6	Organisation der ZAL	100
4.3	Das Qualitätsmanagement	102
4.3.1	Integriertes Qualitätsmanagement	102
4.3.2	Qualitätsplanung	106
4.3.3	Qualitätsprüfung	106
4.3.4	Qualitätslenkung	106
4.3.5	Qualitätszeugnisse zu Prüflos, Charge oder Lieferposition	107
4.3.6	Qualitätsmeldungen bezüglich interner und externer Probleme	107
4.3.7	Prüfmittelverwaltung	109
4.3.8	Prüfmerkmale – Methodenkatalog	109
4.3.9	Checklisten	111

5	**Die Geschäftsprozesse des Personalmanagements**	**115**
5.1	Personalplanung und Organisationsmanagement	115
5.2	Personalbeschaffung	116
5.3	Personalentwicklung	117
5.4	Vergütungsmanagement	119
5.5	Personalzeitwirtschaft	121
5.6	Personalabrechnung	122
5.7	Checkliste	123

6	**Die Geschäftsprozesse des Kundenmanagements**	**125**
6.1	Marketing	125
6.1.1	Marktanalyse	125
6.1.2	Kunden- und Interessentenverwaltung	126
6.2	Vertrieb	128
6.2.1	Planung und Steuerung des Außendienstes	128
6.2.2	Angebotsabwicklung	129
6.2.3	Kundenauftragsbearbeitung	141

6.3	Projektmanagement und Auftragscontrolling 145
6.4	Servicemanagement 148
6.4.1	Auftragsabschluß 149
6.4.2	Gewährleistung 150
6.4.3	Ersatzteileabwicklung 151
6.4.4	Umbauabwicklung 152
6.4.5	Monteureinsatzplanung 152
6.4.6	Monteurabrechnung 153
6.4.7	Checkliste 154

7	**Die Geschäftsprozesse des technischen Managements** 159
7.1	Engineering 160
7.2	Produktionsmanagement 165
7.2.1	Produktionsplanung 165
7.2.2	Arbeitsplanverwaltung 168
7.2.3	Kapazitätsplanung 171
7.2.4	Fertigungssteuerung 172
7.2.5	Montageabwicklung 173
7.2.6	Checkliste 175
7.3	Materialmanagement 177
7.3.1	Materialdisposition 177
7.3.2	Einkauf 186
7.3.3	Lieferantenbeurteilung 188
7.3.4	Wareneingang 189
7.3.5	Bestandsführung 190
7.3.6	Inventur 191
7.3.7	Materialbewertung 192
7.3.8	Rechnungsprüfung 193
7.3.9	Lagerverwaltung 194
7.3.10	Checkliste 195
7.4	Vorabnahme 198
7.5	Versand 198
7.5.1	Kommissionierung 200
7.5.2	Verpacken 200
7.5.3	Versendung 202
7.5.4	Transport 203
7.5.5	Versandpapiere 204
7.5.6	Fakturierung 204
7.5.7	Checkliste 206

8	**Die Geschäftsprozesse des kaufmännischen Managements** 209
8.1	Rechnungswesen 209
8.1.1	Hauptbuchhaltung 209
8.1.2	Debitorenbuchhaltung 212

8.1.3	Kreditorenbuchhaltung	213
8.1.4	Anlagenwirtschaft	213
8.1.5	Checkliste	215
8.2	**Controlling**	**215**
8.2.1	Fortschrittsanalyse	217
8.2.2	Produktkostencontrolling	217
8.2.3	Ergebniscontrolling	219
8.2.4	Checkliste	222

9 Modellierungs- und Präsentationstechnik für Geschäftsprozesse   225

9.1	Toolbeschreibung (Editor)	228
9.1.1	Systemanforderungen	228
9.1.2	Die Oberfläche des Editors	229
9.1.3	Visuelle Profile	230
9.2	Präsentationsbeispiele	231

10 Nutzen   235

11 Resümee   255

11.1	Kritische Faktoren	255
11.2	Empfehlungen	256

12 Voraussetzungen zum Erfolg   257

12.1	Produktstrategie	257
12.2	Organisation von Rollen im Unternehmen	258
12.3	Organisation von Geschäftsprozessen	259

Index   261

Einführung

Wohl die wenigsten würden auf die Frage hin, wer oder was denn die tragende Säule unseres Wirtschaftssystems, des Fortschritts und damit unseres Wohlstandes sei, mit »Der Maschinen- und Anlagenbau!« antworten. Und doch ist genau diese Antwort die richtige! Zum Beispiel wäre es heutzutage undenkbar, sämtliche im Baugewerbe anfallenden Tätigkeiten in Handarbeit zu verrichten. Durch den höheren Zeitaufwand hätte das einen eklatanten Wohnungsmangel zur Folge.

Nun läßt sich dieser Zusammenhang in nahezu jedem Bereich unseres täglichen Lebens herstellen. Man denke nur an die heutige Mobilität und die damit verbundene Freiheit. Kein Auto, kein Flugzeug, kein Zug könnte ohne Maschinen wirtschaftlich produziert werden. Die medizinische Versorgung mit Medikamenten in der heute üblichen Menge und Präzision wäre ohne chemische Anlagen nicht möglich. Energieversorgung ohne Kraftwerke? Die Landwirtschaft, die Telekommunikation, die Unterhaltungselektronik, die Medien etc. Die Reihe der Beispiele ließe sich schier endlos fortsetzen.

Da keines der im Bereich Maschinen- und Anlagenbau tätigen Unternehmen eine Monopolstellung innehat (wenigstens ist mir kein solches bekannt), der Markt immer bessere, preiswertere und aktuellere Produkte verlangt, sieht sich die Branche einem stetigen Optimierungsdruck ausgesetzt, dem sie z.B. durch Innovation oder neue Automatisierungstechniken zu begegnen versucht, um weiterhin am Markt bestehen zu können. Diesem Druck zeigt sich der Anlagen- und Maschinenbau durchaus gewachsen. Woran es ihm jedoch mangelt, ist die adäquate Einbeziehung des an der Produktion beteiligten Menschen in diesen sich stetig wandelnden Prozeß. Die Mitarbeiter und die Rollen, die sie spielen oder zu spielen haben, bleiben als Faktor unberücksichtigt. Die Frage, wie ein optimales Zusammenspiel aller Produktionsfaktoren, und zwar einschließlich des Menschen, auszusehen hat, bleibt unbeantwortet. Und genau diese Frage zu beantworten, soll Gegenstand dieses Buches sein.

An dieser Stelle sei zunächst ein kurzer Überblick über die Kapitel und deren Inhalte gegeben.

Kapitel 1 – Das Produkt im Mittelpunkt

Im ersten Kapitel steht das Produkt zentral. Es wird gezeigt, wie es die benötigten Mitarbeiterprofile prägt und die zu spielenden Rollen bestimmt. Darüber hinaus wird geschildert, wie die jeweilige Produktstrategie auf die Einrichtung der Produktionsanlagen und die Auswahl der Zulieferer auswirkt.

Kapitel 2 – Praxiserfahrungen

Meine Erfahrungen, die ich während meiner diversen Tätigkeiten in den Segmenten Anlagenbau, Sondermaschinenbau und Standardmaschinenbau als Anwender dortselbst, als Berater, als Entwickler eines ERP-Systems oder aber als Berater für Marketing und Vertrieb bei führenden Hard- und Softwareherstellern sammeln konnte, gehen in Kapitel 2 ein und können als eine Art Bestandsaufnahme angesehen werden, die sich auf Kontakte zu mehr als 400 Unternehmen aus dieser Branche gründet. Erst die Summe dieser Erfahrungen machte es mir möglich, das nun vorliegende Buch zu schreiben.

Kapitel 3 – Rollen im Maschinen- und Anlagenbau

Kapitel 3 beschäftigt sich mit den für den Maschinen- und Anlagenbau erforderlichen Rollen, aus deren unterschiedlichen Ausprägungen man indirekt die Aufgaben, die Ziele und die Positionen des jeweiligen Unternehmens ableiten kann. So erklärt es sich, daß erst eine genaue Rollenbeschreibung, natürlich immer abgestimmt auf die jeweilige Produktstrategie, eine ideale Auswahl der Mitarbeiter möglich macht und deren Weiterentwicklung im Sinne des Unternehmens sichert. Gerade die Bedeutung dieses Zusammenhangs wird im Anlagen- und Maschinenbau weit unterschätzt und findet auch in der einschlägigen Literatur, wenn überhaupt, dann nur wenig Beachtung.

Das Kapitel wird ergänzt um einen Leitfaden zur idealen Unternehmensorganisation, der die einzelnen Organisationseinheiten und ihre Aufgaben in den einzelnen Bereichen beschreibt.

Kapitel 4-8 – Geschäftsprozesse im Maschinen- und Anlagenbau

Mit den in Kapitel 3 behandelten Rollen werden die Aufgaben, Ziele und Positionen im Maschinen- und Anlagenbau beschrieben und damit im wesentlichen die Frage beantwortet, **was zu tun sei**. Mit den Geschäftsprozessen werden in den Kapiteln 4 bis 8 Szenarien geschildert, nach denen die anfallenden Aufgaben optimal gelöst und die gesteckten Ziele erreicht werden können.

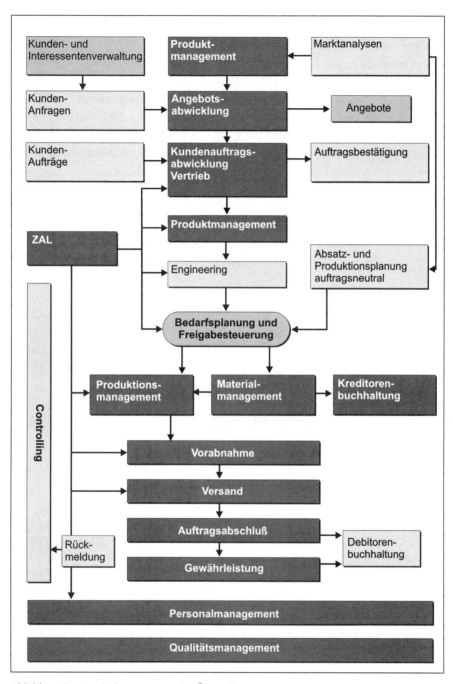

Abbildung E.1 Geschäftsprozesse in der Übersicht

Berücksichtigt werden dabei folgende Produktionstypologien:

▶ **Anlagenbau mit komplexen Strukturen**
Die Eigenfertigung ist bei diesem Typ meist bedeutungslos. Diese Art des Anlagenbaus ist mit einem hohen Engineeringaufwand zur Lösung umfangreicher technischer Aufgaben und einem hohen Planungsaufwand zur Koordinierung einer Vielzahl von Vorgängen und Partnern verbunden. Des weiteren ist ein hoher Materialmanagementaufwand für die Beschaffung von Komponenten nötig. Typische Vertreter für einen Anlagenbau dieses Typs sind z. B. Produzenten von Kernkraftanlagen, Schiffsanlagen oder Chemieanlagen....

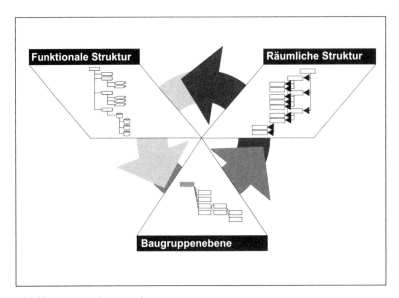

Abbildung E.2 Anlagenstrukturen

▶ **Sondermaschinenbau (Projektfertiger)**
Der Sondermaschinenbau ist in den Prozessen ähnlich geprägt wie der Anlagenbau, jedoch werden Know-how-Komponenten in der Regel eigengefertigt. Typische Sondermaschinenbauer sind z. B. Hersteller von Transferstraßen für Automobilkomponenten, von Transporttechnik, Automatisierungsanlagen, Robotertechnik usw.

▶ Spezialmaschinenbau
Unter Spezialmaschinenbau fallen die Hersteller von Maschinen, die über ein besonderes Know-how einer speziellen Branche verfügen wie z. B. die von Verpackungsmaschinen, Textilmaschinen, Werkzeugmaschinen als Bearbeitungszentren, von Pressen und ähnlichem.

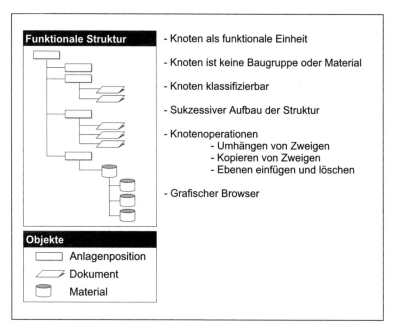

Abbildung E.3 Pflege Anlagenstrukturen

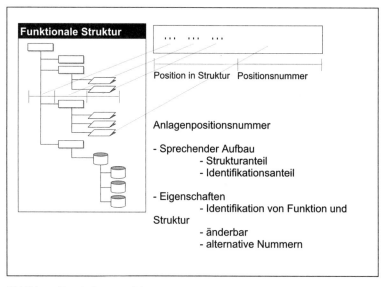

Abbildung E.4 Anlagenposition

Ein Großteil der Komponenten kann über Produktkonfiguration abgewickelt werden. Die Standardisierung ist meist weit fortgeschritten. Teile und Baugruppen können wirtschaftlich über Losgrößen gefertigt werden.

- **Standardmaschinenbau**
  Der Standardmaschinenbau benötigt keine auftragsbezogene Konstruktion. Alle Komponenten können über Produktkonfiguration oder über Preislisten zusammengestellt werden. Hohe Stückzahlen können wirtschaftlich eingekauft und gefertigt werden. Als typische Standardmaschinenbauer seien an dieser Stelle die Hersteller von Fräsmaschinen, Bohrmaschinen, Drehmaschinen, einfachen Pressen und von Antriebstechnik genannt.

Erst nach Festlegung der Geschäftsprozesse, im Einklang mit den Rollen, können die Funktionen der einzelnen Mitarbeiter bestimmt und somit die Ergonomie eines jeden Arbeitsplatzes eingerichtet werden.

Kapitel 4 – Geschäftsprozesse der Stabsstellen der Geschäftsleitung

Das Kapitel 4 geht auf die sogenannten »Stabsstellen« der Geschäftsleitung ein. Stabsstellen deshalb, weil diese Bereiche unternehmensweit agieren und daher keiner Hauptabteilung zugeordnet werden können.

Zudem werden in den Bereichen der Stabsstellen »Produktmanagement«, »Zentrale Auftragsleitstelle« und »Qualitätsmanagement« sowohl Grundsatzrichtlinien festgelegt als auch Entscheidungen im Tagesgeschäft getroffen, die direkt die strategische Ausrichtung des Unternehmens betreffen und damit zur Chefsache aufsteigen.

Der aufmerksame Leser wird die Stabsstelle »Organisation von Informationstechnologie« vermissen. Wenn den Vorschlägen dieses Buches Folge geleistet wird, können die Unternehmen im Maschinen- und Anlagenbau auf eine starre Einrichtung dieser Stabsstelle verzichten. Jedes Projekt, vom Gesamtprojekt »Einführung eines ERP-Systems« bis zum Teilprojekt, wird mit virtuellen Projektteams abgewickelt. Der interne Projektleiter muß aus dem am stärksten betroffenen Bereich stammen und von der Geschäftsleitung ausgewählt werden. Die einzelnen Teammitglieder werden ebenfalls aus den betroffenen Fachbereichen rekrutiert. Externe Teammitglieder müssen exakt mit Blick auf die jeweiligen Bedürfnisse für einen genau definierten Zeitraum eingekauft werden. Nach erfolgreichem Abschluß werden die internen Teammitglieder wieder in die Fachabteilungen eingegliedert und fungieren dort als Berater und Know-how-Träger.

Kapitel 5 – Geschäftsprozesse des Personalmanagements

Kapitel 5 nimmt sich der Prozesse des Personalmanagements an, und zwar beginnend bei der Aufbauorganisation, also der Personalbedarfsplanung bis hin zur Personalbeschaffung. Im Anschluß daran befaßt es sich mit der Personalentwicklung und der Weiterbildung, beides Bereiche, die für die Motivation und die Leistungsbereitschaft der Mitarbeiter äußerst wichtig sind. Vergütungsmanagement, Personalzeitwirtschaft und Personalabrechnung runden die behandelten Geschäftsprozesse des Personalmanagements ab.

Es ist mir ein besonderes Anliegen, das Personalmangement in die Gesamtzusammenhänge der Geschäftsprozesse einzubinden, wird doch dadurch die Darstellung einer Matrix der Aufgaben und Ziele eines Gesamtunternehmens erst komplett, eine optimale Besetzung der Stellen wird möglich und das Weiterbildungspotential wird maximiert.

Kapitel 6 – Geschäftsprozesse des Kundenmanagements

Ich habe bewußt alle Rollen und Geschäftsprozesse unter dem Begriff »Kundenmanagement« zusammengeführt, welche direkt mit potentiellen Kunden oder Interessenten in Kontakt kommen. Erst diese Konzentration der kundenbezogenen Tätigkeiten gewährleistet die optimale Betreuung des Kunden und vermittelt ihm unsere Wertschätzung. Die im wesentlichen betroffenen Bereiche und ihre Tätigkeiten sind die folgenden:

- Marketing
  Aufbereitung aller relevanten Marktdaten
- Vertrieb
  Auftragsgewinnung und Vertriebsabwicklung
- Projektmanagement
  Projektklärung und -controlling
- Servicemanagement
  Installation des Auftrags beim Kunden, Einsatz von Monteuren, Versorgung mit Ersatzteilen, Schnelleinsatz bei Störfällen

Kapitel 7 – Geschäftsprozesse des technischen Managements

Das technische Management steht extern für die vom Kunden geforderte Qualität und für die pünktliche Lieferung ein, intern hingegen für die wirtschaftliche Herstellung der Produkte. Die dafür wesentlichen Geschäftsprozesse und deren Aufgaben sind:

- Engineering
  Entwicklung nach Kundenspezifikation
- Produktionsmanagement
  Produktion und Montage der Kundenaufträge

- **Materialmanagement**
  Beschaffung aller Zukaufelemente
- **Versand**
  Anlieferung an die Kundenbaustelle

Kapitel 8 – Geschäftsprozesse des kaufmännischen Managements

Das kaufmännische Management ist verantwortlich für die korrekte Abwicklung von Debitoren und Kreditoren, dessen Qualität ist demnach für den Erfolg des Unternehmens entscheidend. Es bedient sich dabei folgender Werkzeuge:

- Unternehmenscontrolling
- Ergebniscontrolling
- Fortschrittsanalysen
- Produktkostencontrolling

Kapitel 9 – Modellierungs- und Präsentationstechnik für Rollen und Geschäftsprozesse

In diesem Kapitel widmen wir uns einer Methode zum Modellieren, Archivieren, Dokumentieren und Präsentieren der umfangreichen Zusammenhänge von Rollen und Geschäftsprozessen im Maschinen- und Anlagenbau. Die Unternehmen werden in die Lage versetzt, ihr eigenes Branchenmodell aus den geeignetsten Rollen und Geschäftsprozessen zu modellieren. Zudem unterstützt das beschriebene Tool die Kommunikation von Geschäftsprozessen und Funktionen über das Internet.

Kapitel 10 – Nutzen

In diesem Kapitel habe ich alle Vorteile nochmals in Stichworten zusammengetragen, welche durch das Studium des Buches und die sich daran anschließende Modellierung der Organisation maximal erzielt werden können. Jeder Leser sollte für sich den für ihn entstehenden Nutzen bewerten und entscheiden, ob er seine Arbeit ganz oder nur teilweise an den in diesem Buch geschilderten Richtlinien ausrichtet.

Sowohl interne als auch externe Berater werden dadurch in die Lage versetzt, die jeweils für das spezielle Unternehmen zutreffenden Argumente zusammenzustellen.

Kapitel 11 – Resümee

Im Resümee werden die aus den Kapiteln 1-9 gewonnenen Erkenntnisse noch einmal zusammenfassend vorgetragen, um den Gesamtzusammenhang noch einmal zu verdeutlichen.

Kapitel 12 – Voraussetzungen für den Erfolg

Mit Hilfe der Methodik »Ziele – Unterziele – Strategie – Pläne und Aktivitäten« werden in Kurzfassung die Voraussetzungen für den Erfolg der Produktstrategie »Organisation von Rollen und Organisation von Geschäftsprozessen« komprimiert erläutert.

Kernaussagen des Buches

An dieser Stelle soll explizit auf die Kernaussagen des Buches hingewiesen werden. Das Buch verzichtet bewußt auf die einzelnen sogenannten »vertikalen Details« von Rollen und Geschäftsprozessen. Der Leser soll nicht durch unnötige Details irritiert werden und damit den Überblick über wesentliche Elemente verlieren. Geprägt sind die Aussagen des Buches von den Zusammenhängen zwischen dem Produkt und den daraus entwickelten Rollen und Geschäftsprozessen, deren Analyse in der Ergonomie des einzelnen Bildschirmarbeitsplatzes mündet.

Für wen ist dieses Buch geschrieben?

Der Leser wird in die kompletten Geschehnisse des Maschinen- und Anlagenbaus eingeführt. **Jeder Beschäftigte in der Branche Maschinen- und Anlagenbau, angefangen beim Unternehmer bis hin zum Facharbeiter**, wird durch die transparente Schilderung der Zusammenhänge Nutzen aus diesem Buch ziehen.

Jeder **einzelne Mitarbeiter** wird dazu angeregt, das Beste aus seinen Möglichkeiten zu machen, um mit seiner Hilfe das Unternehmen mit seinen Produkten zur Marke zu führen.

Dem **externen Berater** sollen die im Buch geschilderten Vorgänge als Leitfaden dienen, der ein ganzheitliches Denken fördert und eine Verstrickung des Unternehmens in überflüssige Details verhindert. Darüber hinaus wird er in die Lage versetzt, aus den für das jeweilige Unternehmen optimalen Geschäftsprozessen ein genau passendes Branchenpaket zu schnüren.

Softwarehersteller, die Lösungen für den Maschinen- und Anlagenbau entwickeln, können das Buch zum Vorbild bei der Betrachtung von Rollen und Geschäftsprozessen und der daraus resultierenden Festlegung von ergonomischen Arbeitsplätzen nehmen.

Studenten des Maschinen- und Anlagenbaus und aller angrenzenden Fakultäten soll das Buch einen Überblick über die Rollen und Geschäftsprozesse im Maschinen- und Anlagenbau und über den Stand der Automatisierungstechnologie im allgemeinen verschaffen.

Informatikstudenten können das Buch als Leitfaden bei der Entwicklung und Organisation von umfangreichen Abläufen benutzen.

Die beschriebene Modellierungs- und Präsentationstechnologie hilft jedem, der umfangreiche und dabei unterschiedlichste Präsentationen im Schnellzugriff übersichtlich archivieren und dokumentieren muß. Jeder, der sich mit Internetzugriffen und Einrichten von Homepages beschäftigt, wird in dem vorgestellten Tool einen willkommenen Helfer sehen.

Noch ein Wort zum Stil des Buches. Zur Verdeutlichung der Zusammenhänge wurden viele Kernaussagen des Buches mittels Aufzählungen, Checklisten, Tabellen und besonders mittels grafischer Darstellungen dokumentiert. Das Buch kann daher auch als Nachschlagewerk genutzt werden. Nun aber genug der einleitenden Worte, lassen Sie uns beginnen!

1 Das Produkt im Mittelpunkt

Das Produkt im Maschinen- und Anlagenbau entsteht mit Hilfe einer oder mehrerer Basistechnologien des Unternehmens wie z.B. Bohren, Fräsen, Drehen, Schweißen, Biegen, Stanzen, Bewegen usw. Am Ende einer Entwicklungskette stehen die Kernprodukte eines Unternehmens. Die Produkte selbst und deren permanente Weiterentwicklung bilden den Ausgangspunkt für die Rollen im Unternehmen und für die daraus resultierenden Geschäftsprozesse und üben demnach einen erheblichen Einfluß auf die Mitarbeiterbesetzung und die geforderte Qualifizierung aus. Darüber hinaus bestimmt das Produktspektrum sowohl die Auswahl der Lieferanten als auch den Aufbau und die Anordnung der Produktionsanlagen selbst.

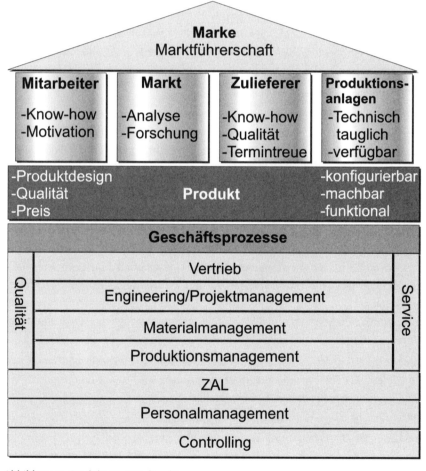

Abbildung 1.1 Produkt im Mittelpunkt

1.1 Marktbezogene Produktbetrachtung

Jedes Unternehmen muß bestrebt sein, sein Produkt zur Marktführerschaft hinzuführen, was bedeutet, daß das eigene Produkt bei der Angebotseinholung eines potentiellen Kunden immer berücksichtigt wird. Da im Maschinen- und Anlagenbau die auf die jeweils benötigten Technologien spezialisierten Unternehmen weltweit gefragt sind, werden diese erfahrungsgemäß bei Bedarf immer hinzugezogen. Die Aufwände für den aktiven Vertrieb sinken dadurch deutlich. Zu Zeiten einer Hochkonjunktur können die Rosinen aus der Masse der Auftragsanfragen herausgepickt werden. Während einer Rezession werden Marktführer immer noch mit den wenigen Anfragen bedient.

Um es zum Marktführer zu bringen, müssen alle in der Folge beschriebenen Aktivitäten in Bezug auf das Produkt und die Organisation der Geschäftsprozesse berücksichtigt werden. Die Krönung der Marktführerschaft ist das Erreichen einer Marke. Für jeden Unternehmer muß es das Ziel sein, daß, wann immer von einer Anwendung in einer Branche gesprochen wird, sein Produkt als die Marke schlechthin genannt wird. Im Maschinen- und Anlagenbau ist dies bislang kaum erreicht worden, doch vielleicht spornt Sie dieses Buch dazu an, dieses Ziel zu realisieren.

Die heutige Informationsverarbeitung bietet eine Vielzahl von Möglichkeiten, den globalen Markt zu erforschen und das Marktverhalten der Mitbewerber wettbewerbsentscheidend zu analysieren. Die **Marktforschung** hat folgende Zielrichtungen:

1. Sie ermittelt, in welcher Region das Produkt in welchem Zeitraum benötigt wird. Das gelingt nur, wenn das Unternehmen jeweils Anschluß an die regionalen Handelskammern und Gesellschaften hat. Besser noch wäre es, Niederlassungen oder Vertretungen in den wichtigsten Regionen auf- bzw. auszubauen. Die Informationen müssen zukunftsorientiert gesammelt und permanent aktualisiert werden. Alle Daten müssen zentral verarbeitet und den verschiedenen Bereichen wie Produktentwicklung, Controlling, Qualitätsmanagement, Produktionsmanagement und Materialmanagement möglichst umgehend zugeführt werden.

2. Darüber hinaus gilt es, am Markt Trends abzulesen, um frühzeitig auf neue Anforderungen an das Produkt reagieren zu können und damit eine rechtzeitige Aktualisierung des Produktes sicherzustellen.

3. Politische und gesamtwirtschaftliche Strömungen müssen in eine Gesamtbetrachtung der Marktforschung stetig einfließen, werden doch nur so schnelle Korrekturen hinsichtlich der Umsatzerwartungen und Auslastungen mittel- und langfristig möglich, was die Wettbewerbssituation deutlich verbessert.

Eine Analyse der Mitbewerber darf dabei sich nicht auf Preise und Qualität beschränken. Vielmehr sollte sie sich auch auf die Produkt- und Marktstrategie aller maßgeblichen Mitbewerber erstrecken und auf jede Änderung, und sei sie noch so unbedeutend, sensibel reagieren.

1.2 Mitarbeiterqualifikation zum Erstellen des Produktes

Nachdem alle Aufgaben und Ziele der Rollen, die zum Vermarkten, Entwickeln, Produzieren, zur Inbetriebnahme und der Bereitstellung von dazugehörigen Dienstleistungen erforderlich sind, beschrieben wurden, können die Profile der Mitarbeiter festgelegt werden (Beschreibung in Kapitel 3).

Der Erfolg im Maschinen- und Anlagenbau ist stark abhängig von der Besetzung der Rollen hinsichtlich ihrer Qualität und Komplettheit. Die komplexen Aufgaben und die hohe Integration der Geschäftsprozesse im Maschinen- und Anlagenbau erfordern gut ausgebildete Mitarbeiter, die über ein hohes Maß an Teamfähigkeit verfügen.

1.3 Produktionsanlagen ausgerichtet an der Produktstrategie

Das Produkt selbst (die Maschine/Anlage), für dessen Herstellung wir uns entschieden haben, bestimmt mit seinen, von uns in Eigenregie gefertigten Komponenten und Teilen in Verbindung mit den anvisierten Stückzahlen das Aussehen und die Auslegung unserer Produktionsanlagen ganz wesentlich.

Das Produktmanagement zeichnet verantwortlich für die Größe und Ausführung der benötigten Produktionsanlagen. Das Qualitätsmanagement entscheidet, welche Genauigkeit die Produktionsanlagen erreichen müssen. Die Produktionsplanung ermittelt die zu produzierenden Stückzahlen, auf welche die Produktionsanlagen hin auszulegen sind. Die Geschäftsprozesse des Produktionsmanagements (beschrieben in Kapitel 7.3) werden dann an den Komponenten Teileart, Qualität, Stückzahl und verfügbare Produktionsanlagen ausgerichtet.

1.4 Zulieferer ausgewählt nach Produktstrategie

Mit der Entscheidung, welches Produkt hergestellt werden soll und welche Komponenten und Teile daraus selbst produziert werden sollen, geht die Entscheidung einher, welche Teile zugekauft werden müssen. (Die Geschäftsprozesse werden im Kapitel 7.4 beschrieben.)

Die vielfältigen technischen Anforderungen an den Maschinen- und Anlagenbauer erlauben es selten, daß alle Komponenten selbst entwickelt und produziert werden. Die breitgefächerten Angebote auf dem globalen Markt sollten genutzt werden. Besonders erfolgreiche Unternehmen machen sich die schier unendlich große Entwicklungskapazität auf dem Markt zu eigen und produzieren nur Komponenten ihrer Kernkompetenz. Die Automobilindustrie ist ein leuchtendes Vorbild für diese Vorgehensweise.

Die Geschäftsprozesse für Zulieferer beim Anlagenbauer könnten mit dem Begriff **virtuelle Unternehmenssteuerung** beschrieben werden. Virtuelle Unternehmen sind eine besondere Form der überbetrieblichen Zusammenarbeit von Unternehmen, die insbesondere durch die Entwicklung leistungsfähiger Informations- und Kommunikationsinfrastrukturen an Bedeutung gewinnen. Beim Auftreten einer Marktchance schließen sich mehrere, rechtlich und wirtschaftlich selbständig bleibende Unternehmen zusammen, um das meist zeitlich begrenzt vorhandene Marktpotential als Virtuelles Unternehmen auszuschöpfen. Der Auf- und Abbau der Kooperation erfolgt schnell und ohne die Einrichtung zusätzlicher Koordinationsstellen oder die Aushandlung genau spezifizierter Verträge. Auf diese Weise können einige Kosten vermieden werden und das entstehende Virtuelle Unternehmen kann die gleichen Ergebnisse wie eine real existierende, voll integrierte Unternehmung liefern, ohne den dafür normalerweise notwendigen Overhead zu besitzen. Die Mitglieder bringen zur Erstellung der Gesamtleistung nur ihre jeweiligen Kernkompetenzen ein, so daß eine unter Kosten-, Qualitäts- und Zeitgesichtspunkten optimale Leistung erbracht werden kann. Dem Auftraggeber tritt das Virtuelle Unternehmen als eine Einheit gegenüber, so daß er den Eindruck gewinnt, die Leistung käme aus einer Hand.

Im Gegensatz zum Virtuellen Unternehmen geht man bei einer zeitlich unbegrenzten Zusammenarbeit von einem permanenten Ausbau der Partnerschaft aus. Die Produktforschung eines Anlagenbauers muß ständig in der Lage sein, alle Zukaufkomponenten in der vom Markt geforderten technischen Ausführung und Qualität in den für das eigene Produkt notwendigen Produktionsprozeß zu integrieren. Die Hauptaufgaben dieser Unternehmen liegen nicht nur in der Gewährleistung von technischer Kompatibilität, sondern auch in der Planung, Steuerung und Abstimmung der verschiedensten Komponenten aus aller Welt unter Berücksichtigung unterschiedlichster Termine, die für unterschiedlichste Orte gelten. Nur ein ausgefeiltes Projektmanagementsystem erfüllt diese umfangreichen Anforderungen.

2 Praxiserfahrungen

Wie bereits in der Einführung erwähnt, beschreibt dieses Kapitel meine wichtigsten Erfahrungen, die ich während meiner Tätigkeiten in den verschiedenen Ausprägungen des Maschinen- und Anlagenbaus gemacht habe. Erst die Summe dieser Erfahrungen machte es mir möglich, Geschäftsprozesse und Rollen gesamtheitlich zu definieren und zu modellieren. Da die Problematik sich je nach Herstellungsart unterschiedlich darstellt, wird das Kapitel in folgende Abschnitte unterteilt:

- Anlagenbau (2.1)
- Sondermaschinenbau (2.2)
- Standardmaschinenbau (2.3)

Anhand der jeweiligen Hauptmerkmale werden die von mir gemachten Erfahrungen beschrieben und bewertet.

2.1 Anlagenbau

Um zu einer einheitlichen Definition des Begriffes »Anlagenbau« zu kommen, werden hier die wichtigsten Besonderheiten differenziert behandelt.

2.1.1 Kundenauftragsorientierung

Kundenauftragsorientierung bedeutet, daß im Extremfall alle Komponenten in Einzelkonstruktion für den Kunden entwickelt und in Einmalproduktion hergestellt werden müssen. Diese Art ist von allen Typologien die anspruchsvollste bei der Herstellung von Produkten. Das Produktmanagement bleibt begrenzt auf die Entwicklung der Kernkompetenz und die Bereitstellung der Produktdaten. Die Anforderung an das Engineering, die Zentrale Auftragsleitstelle, den Vertrieb, die Kalkulation, das Produktions- und Materialmanagement und den Service sind besonders hoch. Die Risiken, das Geschäft mit einem Verlust abzuschließen, sind äußerst schwierig einzuschätzen. Kapazitäten und Termine zu planen, erfordert ein außergewöhnlich hohes Maß an Erfahrung.

> **Ist-Zustand**
>
> Die Archivierung der ausgelieferten Anlagen wird nicht nach Auftragsstrukturen und Funktionseinheiten durchgeführt. Der Zugriff auf vorhandenes Wissen für Angebot, Engineering und Service ist deshalb in den meisten Unternehmen nicht gewährleistet. Know-how von vorhandenen Entwicklungen wird nicht konserviert und führt zu aufwendigen Engineeringleistungen und bläht zudem die Stücklistenposition aund Teilevielfalt auf.

Die Funktion der Zentralen Auftragsleitstelle zur Vorgabe und Kontrolle von Prioritäten, Kapazitäten und Termine aller Projekte fehlt in den Unternehmen. Unkoordiniert werden Prioritäten permanent neu gesetzt und verursachen somit einen hohen Produktivitätsverlust.

Vorkalkulation, Mitlaufende Kalkulation und Nachkalkulation werden aufgrund fehlender Organisation nur pauschal durchgeführt. Gewinn- und Verlustrechnung ist demnach auf Komponentenebene nicht möglich.

2.1.2 Hohe Komplexität des Produktes

Die Komplexität des Anlagenbaus ergibt sich aus den vielfältigen technischen Lösungsmöglichkeiten und den daraus entstehenden umfangreichen Positionen, Baugruppen und Teilen. In der Abbildung 2.1 ist deutlich zu erkennen, wie komplex das Beziehungsgeflecht zwischen Projektstruktur, Funktionaler Struktur, Material im Projekt zu Kundenauftrag, Fertigungsauftrag und Materialbestellung ist.

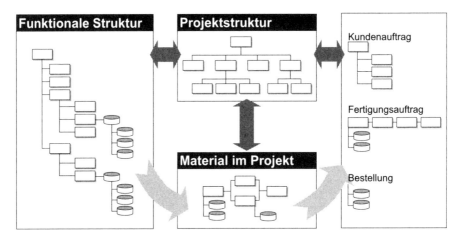

Abbildung 2.1 Integration Anlagenstruktur

Ist-Zustand

Die Anlagenbauer sind bisher nicht in der Lage, die theoretisch benötigten Strukturen, wie sie Bild 2.1 vermittelt, Realität werden zu lassen. Dadurch fehlt den wesentlichen Prozessen, angefangen beim Aufbau der Angebots- und Auftragsstückliste, über die Detailkalkulation, das Planen und Steuern von Terminen und Kapazitäten bis hin zur detaillierten Nachkalkulation die notwendige Datenbasis.

2.1.3 Globalität

Der Anlagenbauer ist fast immer auf die weltweite Nachfrage nach seinen Produkten angewiesen. Das macht folgendes unabdingbar:

- Aufbau von weltweitem Marketing und Vertrieb
- Aufbau und Pflege von Serviceleistungen in den wichtigsten Märkten
- Aufbau und Pflege eines Netzes von Zulieferern
- Die Produkte müssen technisch spezialisiert sein und dadurch gewisse Alleinstellungsmerkmale erlangen.
- Hohe Qualität ist gefordert, da sonst Serviceleistungen weltweit extrem teuer werden.

Der im folgenden beschriebene Ist-Zustand zeigt, wie weit man im Anlagenbau von Idealzustand entfernt ist:

> **Ist-Zustand**
>
> Ein Marketing im Sinne von Bedarfs- und Wettbewerbsanalysen wird nur sporadisch durchgeführt, und mit dem Aufbau von Vertrieb und Service in den wichtigsten Märkten wird gerade erst begonnen.
>
> Nach einer systematischen Organisation von Kunden- und Interessenverwaltung sucht man vergeblich. Darüber hinaus werden die Zulieferanten ausschließlich projektabhängig ausgewählt, eine kontinuierliche Pflege der Beziehungen findet also nicht statt.
>
> Die Qualität leidet häufig unter einer nicht termingerechten Fertigstellung der Anlagen. Das zieht teure Serviceleistungen beim Kunden nach sich.

2.1.4 Meist geringe Fertigungstiefe – hoher Zukaufteil

Das in der Überschrift bereits angesprochene Charakteristikum ist kennzeichnend für ein auf dem Gebiet des Anlagenbaus tätiges Unternehmen. Das rührt daher, daß es fast unmöglich ist, allen technischen Anforderungen im eigenen Hause zu genügen. Es empfiehlt sich deshalb, die am Markt befindlichen Komponentenfertiger einer genauen Prüfung zu unterziehen, ist ihm doch der Anlagenbauer in puncto Qualität, Pünktlichkeit der Lieferung, Termintreue und Serviceleistung auf Gedeih und Verderb ausgeliefert. Nur wer rechtzeitig diese Firmen in die Produktionsentwicklung sowie die Planung und Steuerung einbindet, kann auf Dauer erfolgreich sein. Auch hier wirkt die Bestandsaufnahme des Ist-Zustandes ernüchternd:

> Ist-Zustand
>
> Ein fehlendes Produktmanagement bewirkt, daß zu wenig von fremder Technologie Gebrauch gemacht wird. Zu viele Komponenten werden noch selbst entwickelt und produziert. Unzureichende Projektmanagementsysteme verhindern dabei eine kontinuierliche Planung aller Abläufe. Die Entscheidungen müssen kurzfristig getroffen und umgesetzt werden, darunter leiden Qualität, Lieferbereitschaft und Service.

2.1.5 Hoher Planungs- und Koordinierungsaufwand

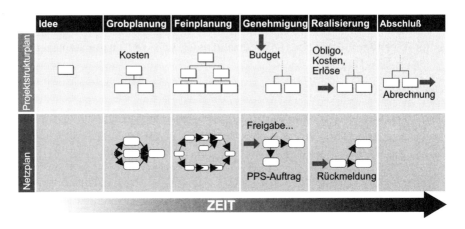

Abbildung 2.2 Funktionaler Ablauf aus dem Projektmanagement

Die zuvor beschriebenen Merkmale Kundenauftragsorientierung, hohe Komplexität, Globalisierung und hoher Zukaufteil machen deutlich, daß ein hoher Planungs- und Koordinierungsaufwand erforderlich ist. Bild 2.2 zeigt, daß von der ersten Idee an über das Angebot, den konkreten Auftrag bis hin zur erfolgreichen **Inbetriebnahme** geplant werden muß. Dabei müssen fünf wesentliche Elemente berücksichtigt werden:

1. **Finanzen**
   Alle aus der Vorkalkulation, der mitlaufenden Kalkulation sowie der Kosten- und Erlösrechnung ermittelten Daten müssen verfügbar sein.

2. **Termine und Prioritäten**
   Es darf zu keinem Bruch zwischen Grobplanung und Detailplanung kommen, das heißt, daß jede Änderung sowie jede neu zu planende Komponente sowohl in der Grobplanung als auch in der Fertigung und Materialwirtschaft aufgezeigt und ihre Auswirkungen berücksichtigt werden müssen.

3. **Kapazitäten**

   Einer Terminplanung hat immer eine Machbarkeitsprüfung vorauszugehen, in welche die tatsächlich vorhandenen Kapazitäten eingehen.

4. **Materialverfügbarkeit**

   Es ist sicherzustellen, daß die Materialien zum richtigen Zeitpunkt, am richtigen Ort und in der entsprechenden Qualität verfügbar sind.

5. **Informationen**

   Die Informationen bezüglich der obengenannten Punkte, also Geld, Termine, Kapazitäten und Materialverfügbarkeit, müssen den zuständigen Mitarbeitern rechtzeitig und brauchbarer Form zur Verfügung gestellt werden.

Unzählige Projektplanungsinstrumente haben sich auf dem Markt versucht. Nur wenn es gelingt, allen in den oben beschriebenen Punkten aufgestellten Forderungen nachzukommen, bringt es für den Anlagenbauer den gewünschten Nutzen. Eine weitere Voraussetzung für den erfolgreichen Einsatz eines Projektplanungssystems ist die volle Integration von Materialmanagement, Produktion und Controlling.

Ist-Zustand

In der Praxis treffen wir die erstaunlichsten Ausprägungen an. Immer steht dabei folgende, scheinbar unangreifbare Prämisse im Vordergrund: »Unsere Stärke ist unsere Flexibilität.« Die Fragwürdigkeit dieser Prämisse offenbart sich, wenn man untersucht, was unter Flexibilität gemeinhin verstanden wird, nämlich auf Kundenwünsche einzugehen, koste es, was es wolle. Die Auswirkungen sind oftmals verheerend. Prioritäten werden fast täglich neu gesetzt. Was gestern wichtig war, zählt heute nicht mehr. Sichtbar wird dies dann in der Montagehalle. Halbfertige Anlagen, wohin das Auge reicht. Überall fehlen Baugruppen oder Teile. Von der vielbeschworenen »Flexibilität« bleibt nichts mehr übrig, denn das Unternehmen erstarrt in Hilflosigkeit.

Zarte Versuche wurden mit Projektplanungsinstrumenten auf PCs unternommen. Netzpläne und Meilensteine wurden gesetzt, Kapazitäten berechnet und alle möglichen Auswertungen vorgenommen. Jedoch sind alle ordnenden Versuche, die unter Zuhilfenahme dieser Instrumente angestellt wurden, immer schon nach kurzer Zeit gescheitert.

Die Gründe des Scheiterns nun einfach in der Unzulänglichkeit der Planungsinstrumente zu suchen, wäre zwar sehr einfach, aber auch sehr einfältig. Eine genauere Analyse bringt folgendes zutage:

1. Es fehlt an einer Integration des Projektplanungsinstrumentes in vorhandene Organisationen wie Vertrieb, Konstruktion, Materialmanagement oder Produktionsmanagement.
2. Der Anlagenbauer wird öfter als ihm lieb ist von vielfältigen Änderungswünschen (eine Detailbeschreibung folgt im nächsten Kapitel) in jeder Phase der Produktentstehung heimgesucht. Nicht-integrierte Projektplanungsinstrumente sind aber nicht in der Lage, Entscheidungsgrundlagen für eine erfolgreiche Weiterarbeit zur Verfügung zu stellen, wodurch notwendige Entscheidungen nur verzögert fallen, wenn sie nicht gar ganz ausbleiben.
3. Es mangelt an einer Organisation zur Durchsetzung der Projektplanung. Zumeist erstellt eine junger Assistent der Produktionsleitung die Pläne auf einem PC. Keine Abteilung hält sich anschließend wirklich an die geplanten Daten. Jeder kocht sein eigenes Süppchen, setzt eigene Prioritäten.

Das Ergebnis des genannten ist eine manuelle Planung und Koordinierung, die nämlich in den wöchentlichen Terminsitzungen stattfindet und den Anforderungen natürlich in keinster Weise gerecht werden kann.

2.1.6 Änderungsvielfalt

Oftmals werden vom Endkunden komplexe Anlagen geordert, obwohl nur einige Eckdaten feststehen. Der Gesamtprojektplan macht aber eine frühzeitige Bestellung erforderlich. Nach und nach werden die Kenntnisse detaillierter, was sich z. B. in der Hallenplanung, der Komplettierung aller Layouts der beteiligten Anlagelieferanten und der endgültigen Produktfestlegung hinsichtlich des Formats, der Qualität und der Stückzahl niederschlägt.

Zu allem Unglück kommen erst jetzt Lawinen von Änderungswünschen auf den Anlagenproduzenten zu, die in allen Phasen der Produktentstehung anfallen. Der Endtermin muß dabei selbstverständlich eingehalten werden. Besonders schmerzlich sind die Auswirkungen, wenn diese Änderungswünsche nach der Bestellung, während der Fertigung oder gar bei der Montage erst artikuliert werden.

Bevor man nun unbedarft die Erfüllung der Wünsche zusagt, aus welchen Gründen dies auch immer geschehen mag, sollte man sich unbedingt den folgenden Fragen stellen:

▶ Ist die geforderte Änderung überhaupt noch realisierbar?
▶ Wenn ja, wie umfangreich fällt sie aus?
▶ Welche Kosten fallen dabei an?
▶ Welche Terminverzögerung beim Bau der gesamten Anlage zieht die geforderte Änderung evtl. nach sich?

Jetzt zeigt es sich, ob saubere Projektstrukturen aufgebaut wurden. Denn nur innerhalb solcher Strukturen kann vernünftig auf Änderungen reagiert, deren Auswirkungen können präzise lokalisiert werden. Mit Hilfe der Struktur wird über Position, Baugruppe und Teil die Auswirkung erkannt und kann schnell dem Kunden zur Entscheidung vorgelegt werden. Bei der Realisierung der Änderungen werden anschließend konkret davon betroffene Elemente in den Strukturen bestimmt und weiter bearbeitet.

Wie Sie es wahrscheinlich schon erwartet haben, weicht auch in diesem Fall die Realität vom Geforderten erheblich ab:

> **Ist-Zustand**
>
> Selten trifft man bei Anlagenbauern auf eine solch präzise Vorgehensweise bei Kundenänderungen. Meistens wird den Änderungswünschen der Kunden sogar ohne Preisaufschlag und ohne Terminverzug entsprochen. Massen von ungeplanten Überstunden in allen Abteilungen und erhöhter Druck auf die eigenen Lieferanten sind die Folge. Oftmals werden dann Anlagen halbfertig, also nicht funktionsfähig ausgeliefert. Teure Nacharbeiten beim Kunden fallen an. Zu guter Letzt bezieht der Anlagenbauer dann noch Prügel vom Kunden, obwohl der Kunde selbst durch massive Änderungswünsche, denen zwar vorschnell und ohne Weitergabe notwendiger Informationen entsprochen wurde, den Ärger verursachte.

Alle Änderungen, seien es nun Kundenänderungen, Konstruktionsänderungen oder Produktionsänderungen, müssen von der Konstruktion präzise in die Kundenauftragsstückliste und in Zeichnungen nachvollzogen werden. Erst dann ist gewährleistet, daß bei Serviceaufträgen, Umbauten oder bei einer etwaigen Wiederverwendung für andere Aufträge keine Fehler gemacht werden.

> **Ist-Zustand**
>
> Selten ist der Anlagenbauer in der Lage, schon bei Auslieferung die komplette Dokumentation mit allen Änderungen bereitzustellen. Diese wird zumeist manuell und das heißt aufwendig erstellt. Schmerzlich werden die Kundenauftragsstückliste, das Change Management und ein vernünftiges Dokumentenmanagement vermißt.

2.2 Sondermaschinenbau

Der Sondermaschinenbau ist dem Anlagenbau in vielen Merkmalen ähnlich. Im Hinblick auf die Kundenauftragsorientierung, die hohe Komplexität des Produktes, die Globalität, den hohen Planungs- und Koordinierungsbedarf und die Änderungsvielfalt zeigen sich keine Unterschiede, weshalb an dieser Stelle auf Abschnitt 2.1 verwiesen sei, in dem diese Merkmale ausführlich beschrieben werden. Anders verhält es sich mit den Merkmalen **Fertigungstypenvielfalt** und **dispositive Vielfalt**, die beim Sondermaschinenbau in einer besonderen Ausprägung vorliegen, was eine nähere Betrachtung notwendig macht.

2.2.1 Fertigungstypenvielfalt

Der Sondermaschinenbauer und Automatisierungstechnologe muß für seine Kunden ganzheitliche Systemlösungen liefern. Das bringt als Konsequenz mit sich, daß alle möglichen Fertigungstypen vorkommen können:

- Einmalfertigung
- Einzelfertigung
- Fertigung nach Produktkonfiguration
- Komponenten- und Teilefertigung auf Lager

Einmalfertigung

Komponenten, welche nur für einen Kunden und nur in einem Projekt verwendet werden, bezeichnen wir als Einmalfertigung. Organisatorisch müssen diese Komponenten speziell behandelt werden:

- Im Angebot müssen höhere Aufwendungen für Kalkulation, Engineering, Beschaffungszeit, Montage und Tests berücksichtigt werden.
- Das Engineering muß komplett neu entwickelt werden.
- Die Eigenproduktion muß neue Pläne und Produktionshilfsmittel erarbeiten.
- Die Materialbeschaffung muß neue Lösungen mit Partnern finden.
- Die Montage muß neue Testmethoden und Abläufe gestalten.
- Der Service muß die Ersatzteile der produzierten Anlagen und Komponenten gesondert aufführen und planen.

Auch hier wirkt ein Blick auf die Praxis geradezu ernüchternd.

> **Ist-Zustand**
>
> Leider zeigt die Praxis häufig, daß bequeme oder auch geniale Konstrukteure nicht gern auf vorhandenes Wissen zurückgreifen. Die Folge davon ist, daß zu viele Positionen, Baugruppen und Einzelteile als Einmalfertigung deklariert werden. Gerade bei Einmalfertigungskomponenten schlagen die Kosten aber unverhältnismäßig zu Buche. Ein hoher Entwicklungsaufwand, extrem hohe Fertigungskosten und hohe Beschaffungskosten sind die Regel.

Meist können bei diesen Komponenten keine Beschaffungszeiten definiert werden. Bei der Montage bestehen in der Regel Anpassungsprobleme und der Service hat hinterher enorme Schwierigkeiten bei der Ersatzlieferung oder bei anfallenden Umbauarbeiten.

Einzelfertigung

Die Einzelfertigung stellt Komponenten her, welche aus technischer Sicht beherrschbar sind. Der Entwickler hat diese Komponenten aus dem Archiv ermittelt, verwendet sie dann unverändert oder aber hat kundenspezifisch geringe Änderungen vorzunehmen. Der Disponent erkennt, daß diese Komponenten unregelmäßig und selten in der Produktpalette vorkommen. Eine Kleinserie lohnt deshalb nicht, da die Lagerkosten höher als die Rüstkosten sind. Eine Bestandsaufnahme des Ist-Zustandes läßt das eben geschilderte jedoch als illusorisch erscheinen.

Ist-Zustand

Fehlendes Produktmanagement verhindert eine vernünftige Produktorganisation und somit den Aufbau von Funktionseinheiten. Der Konstrukteur erhält keinen Zugriff auf Basiseinheiten. Vieles wird überflüssigerweise neu entwickelt. Einzelfertigung ist vorprogrammiert. Das Fehlen einer integrierten Organisation von Disposition und Planung verhindert darüber hinaus ein Zusammenfassen von Teilen oder Teilegruppen. Häufig werden in der Beschaffung dann baugleiche Teile in kurzen Abständen gefertigt oder beschafft, was in problemlos in einem Rutsch hätte geschehen können. Erscheinen in der Statistik zu häufig Einzelfertigungskomponenten, so ist dies oft die Folge von zu oberflächlichem Produktmanagement.

Fertigung nach Produktkonfiguration

Diese Fertigungsart kommt ursprünglich aus der Möbelfertigung. Vom Kundenauftragsbearbeiter werden direkt mit dem Kunden Komponenten nach folgenden Kriterien ausgewählt:

▶ Typ
▶ Ausführung
▶ Farbe und dergleichen

Im Idealzustand sind die Produkte so aufbereitet, daß direkt Stücklisten und Arbeitspläne generiert werden. Eine Vorfertigung der Teile wird automatisch angestoßen. Der Kundenauftrag wird nach Terminplan ausgelöst und direkt in die Montageabwicklung eingelastet.

Ist-Zustand

Im Maschinen- und Anlagenbau könnten einzelne Positionen nach dieser Methode abgewickelt werden. Der Mangel an aufbereiteten, konfigurierbaren Elementen aber und die noch nicht genügend ausgereiften Softwareprodukte, die im Konfigurationsbereich benötigt werden, verhindern noch deren Einsatz.

Komponenten- und Teilefertigung auf Lager

Bei allen Sondermaschinenbauern wäre es möglich, einzelne Komponenten und Teile über Lagerfertigung abzuwickeln. Das Ziel der Produktentwicklung muß es sein, die Produkte in Funktionen zu standardisieren und damit einen hohen Grad an Wiederverwendbarkeit zu erreichen. Erst dann kann in der Beschaffung und in der Produktion wirtschaftlich gearbeitet werden, und die Lieferzeiten für das Produkt könnten erheblich verkürzt werden.

Ist-Zustand

Wie schon bei der Einzelfertigung beschrieben, sind fehlendes Produktmanagement und unzureichende Systeme für Organisation und Disposition verantwortlich dafür, daß nicht genügend Komponenten und Teile auf Lager gefertigt werden können.

2.2.2 Dispositive Vielfalt

Ähnlich umfangreich wie die Vielfalt der verschiedenen Fertigungstypen gestaltet sich die Behandlung der Dispovielfalt für den Maschinen- und Anlagenbauer und gibt ihm vielfältige Aufgaben auf. Die richtige Planungs- und Dispostrategie für die richtigen Komponenten zu finden, ist ein schwieriges Unterfangen. Ein Gelingen ist von Faktoren wie Produktmanagement, Marktdaten, Engineering, Produktion, Beschaffung und Bestandsführung abhängig.

Ist-Zustand

Nach meiner Erfahrung sind in diesem Bereich die Maschinen- und Anlagenbauer weit von den angestrebten Ideallösungen entfernt. Gerade im Bereich Disposition sind Einsparungspotentiale vorhanden und beschleunigte Abläufe in großem Umfang noch möglich.

2.3 Standardmaschinenbau

Der Standardmaschinenbau wird von folgenden Prozeßmerkmalen geprägt:

▶ Vertrieb über Preisliste oder Produktkonfiguration
▶ Geringes Maß an Engineering bei der Kundenauftragsabwicklung

- Disposition auf Lager
- Kleinserienproduktion
- Serviceleistungen
  - Ersatz- und Verschleißteileabwicklung
  - Wartungspflege für Instandhaltung

Diese Prozesse werden in den Kapiteln 4 bis 8 ausführlich behandelt.

Der Standardmaschinenbauer wird in Zukunft verstärkt als Lieferant von Generalunternehmern in der Automatisierungstechnologie auftreten. Der Wettbewerb wird zunehmend härter. Billiglohnländer werden den Mitteleuropäern in absehbarer Zeit den Rang ablaufen. Nur technologisch hochstehende Produkte werden in Zukunft am Markt bestehen können und die Chance haben, sich zur Marke zu entwickeln. Zudem muß zunehmend in Produktionsanlagen investiert werden, um auf Dauer über eine wirtschaftliche Produktion mit den Billiglohnländern konkurrenzfähig zu bleiben. Vertriebsplanung, Produktionsplanung und Disposition müssen mit ausgeklügelten Verfahren miteinander in Übereinstimmung gebracht werden.

Kurze Lieferzeiten und strenge Termintreue werden in diesem Marktsegment gefordert. Die Erfahrung aber zeigt, daß der äußerst harte Konkurrenzkampf in allen Branchen des Standardmaschinenbaus die in Mitteleuropa ansässigen Firmen stark in Mitleidenschaft gezogen hat.

> **Ist-Zustand**
>
> Fehlende Produktstrategien (▲ Kapitel 1), unzureichende Informationstechnologie und ein oftmals veralteter, unrentabler Maschinenpark sind die Hauptursachen der Misere im Standardmaschinenbau. Keinem Unternehmer ist es bisher gelungen, aus seinem Produkt eine Marke zu machen.

3 Rollen im Maschinen- und Anlagenbau

Mit Rollen werden Aufgaben, Ziele und Positionen des Unternehmens beschrieben. Sowohl die Integration in- als auch die Abgrenzung der Rollen zueinander muß unternehmensbezogen festgelegt werden.

In diesem Kapitel werden die für den Maschinen- und Anlagenbau wichtigsten Rollen behandelt. Es wird beschrieben, welche Aufgaben abzuwickeln sind und welche Ziele erreicht werden sollen. Die zugehörigen Organisationseinheiten und Stellenbeschreibungen zeigen die Verantwortungen der Mitarbeiter auf. Beispielhaft sind einige Stellenbeschreibungen angeführt.

Aufbau der Stellenbeschreibungen

▶ Organisationseinheiten
Organisationseinheiten sind grundsätzlich alle organisatorischen Objekte wie z.B. Konzerne oder Abteilungen, deren hierarchische Beziehungen untereinander die Organisationsstruktur bilden.

▶ Stellen
Eine Stelle ist ein durch Aufgaben und Anforderungen beschriebener Tätigkeitsbereich, der einmalig in einem Unternehmen existiert, z.B. Sekretärin oder Programmierer.

▶ Planstellen
Eine Planstelle – oder auch Position – ist die konkrete Ausprägung einer Stelle, die zumeist von einer Person besetzt und einer Organisationseinheit (z.T. auch mehreren Organisationseinheiten) zugeordnet wird wie z.B. die einer Sekretärin in der Marketingabteilung. Eine Planstelle hat ein bestimmtes (Anforderungs-)Profil und kann vakant werden.

Ein grundlegender Nutzen des Organisationsmanagements besteht darin, daß eine Planstelle aus jeweils einer sie beschreibenden Stelle abgeleitet werden und die Aufgabenbeschreibung der Stelle erben kann. Der entscheidende Vorteil dieses Konzeptes zeigt sich nicht nur im erheblich reduzierten Pflegeaufwand bei der Beschreibung der Planstellen, sondern bei der exakten, personenunabhängigen Bearbeiterermittlung durch das Workflowsystem.

▶ Inhaber den Planstellen zuordnen
Wenn Sie Inhabern Planstellen zuordnen, legen Sie fest, welcher Mitarbeiter eine Planstelle besetzt. Durch diese Zuordnung können Benutzer von Workflow-Anwendungen entweder direkt oder indirekt über die Verknüpfung die als Bearbeiter zuständigen ermitteln.

▶ **Aufgaben zuordnen**
   Aufgaben beschreiben, was Organistionseinheiten sowie Stellen im allgemeinen und Planstellen im besonderen zu leisten haben. Diese Aufgaben können Sie je nach Ihren eigenen Wünschen und Erfordernissen allgemein halten oder detailliert beschreiben.

Auf diese Weise können Sie letztlich die traditionell eingesetzten verbalen Stellenbeschreibungen durch aussagefähige und auswertbare Informationen ersetzen, die sich durch einen wesentlich verringerten Änderungsaufwand auszeichnen.

In Ihrem Organisationsmodell ordnen Sie Aufgaben sowohl bestimmten Organisationseinheiten als auch Stellen bzw. Planstellen zu. Auf diese Weise vergeben Sie eine abstrakte Verantwortlichkeit für einen bestimmten Aufgabenbereich. Dadurch gewinnen Planstellen die Bedeutung von **potentiellen Sollmitarbeitern** und stellen nicht zwingend konkrete natürliche Personen dar. Notwendige Informationen für den laufenden Geschäftsbetrieb gehen folglich nicht verloren, wenn z.B. eine Person das Unternehmen verläßt. Sie können diese Informationen jederzeit abrufen.

3.1 Die Geschäftsleitung und ihre Stabsstellen

3.1.1 Der Geschäftsführer

Der Geschäftsführer ist generell für die positive Entwicklung des Gesamtunternehmens verantwortlich. Um dieses Ziel optimal zu erreichen, muß er permanent bei folgenden Aktivitäten Vorgaben aufstellen und Kontrollen durchführen:

- Personalentwicklung
- Produktentwicklung
- Marktforschung
- Servicemanagement
- Technik
- Kosten
- Termine, Umsätze, Prioritäten
- Informationstechnologie
- Qualitätsmanagement

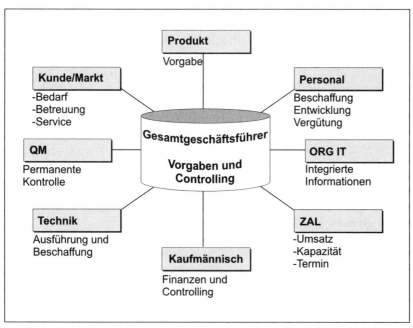

Abbildung 3.1 Rolle des Gesamtgeschäftsführers

Um diese Aufgaben wahrnehmen zu können, werden die Bereiche Personalmanagement, Kundenmanagement, Technische Leitung, Kaufmännische Leitung ihm direkt unterstellt. Produktmanagement, Zentrale Auftragsleitstelle, Informationstechnologie und Qualitätsmanagement werden als Stabsstellen der Geschäftsleitung zugeordnet.

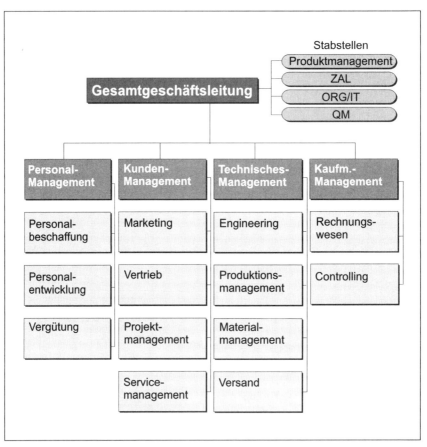

Abbildung 3.2 Übersicht Gesamtorganisation

Abbildung 3.2 zeigt die Strukturen der Verantwortungen auf. Die gezeigte Gesamtorganisation stellt die Idealform einer Organisation im Anlagen- und Maschinenbau dar. Einzelne Bereiche können unterschiedliche Zuordnungen erhalten. Die Funktionen sollten jedoch immer eindeutig beschrieben und festgelegt werden.

Stellenbeschreibung Geschäftsführer	
Organisationseinheit	▶ Gesamtunternehmen
Stelle	▶ Gesamtgeschäftsführer
Inhaber der Stelle	
Personal-Nr.	
Kostenbereich	▶ Gesamt Firma
Vorgesetzter	▶ Keiner
Stellvertreter	▶ Technischer Bereich: ... ▶ Kundenbereich: ... ▶ Kaufmännischer Bereich: ... ▶ Personal: ...
Zuständigkeit	▶ Verantwortung für das gesamte Unternehmen
Kompetenzen	▶ Vorgaben und Controlling für alle kaufmännischen und rechtlichen Belange intern und extern ▶ Produktentwicklung ▶ Personalentwicklung ▶ Lieferantenauswahl ▶ Technische Belange ▶ Investitionen ▶ Qualitätsmanagement ▶ Umsatz-, Prioritäts- und Kapazitätsplanung ▶ Informationstechnologie
Ziele der Stelle	▶ Das Unternehmen so führen, daß angemessene Gewinne erzielt werden. ▶ Das Ansehen der Firma nach außen und innen positiv gestalten.
	▶ Die Entwicklung der Firma mit folgenden Zielen vorantreiben: 　▶ Personal-Know-how und -zufriedenheit 　▶ Anlagen technisch ausreichend auslegen 　▶ Produkt zur Marktführerschaft bringen

Stellenbeschreibung Geschäftsführer	

Wahrzunehmende Aufgaben	▶ Vorgaben für:
	   ▶ Umsatz und Prioritäten
	   ▶ Marketing/Verkaufspolitik
	   ▶ Unternehmensstrategie
	   ▶ Investitionsplan
	   ▶ Technologie und Produktentwicklung
	   ▶ Qualität
	   ▶ Informationstechnologie
	 ▶ Kontrolle über den Geschäftsbereich Technik mit Blick auf:
	   ▶ Engineering
	   ▶ Produktionsauslastung
	   ▶ Termintreue
	   ▶ Qualität
	   ▶ Materialmanagement
	   ▶ Investition
	   ▶ Versand
	 ▶ Kontrolle über den Geschäftsbereich Kundenmanagement, insbesondere in folgenden Teilbereichen:
	   ▶ Marketing
	   ▶ Vertrieb
	   ▶ Projektmanagement
	   ▶ Service
	 ▶ Kontrolle über den kaufmännischen Geschäftsbereich mit den Teilbereichen:
	   ▶ Finanzplanung
	   ▶ Controlling
	 ▶ Kontrolle über den Geschäftsbereich Personal:
	   ▶ Personalentwicklung

Stellenbeschreibung Geschäftsführer	
	▶ Delegierung an Mitarbeiter:
	▶ Alle Vorgaben und Kontrollfunktionen werden an Hauptabteilungsleiter delegiert und nur die Ergebnisse bewertet.

3.1.2 Das Produktmanagement

Das Produktmanagement ist verantwortlich für die Standardproduktentwicklung sowohl kompletter Maschinen als auch für die von Komponenten. Folgende Ziele lassen sich anführen:

- das Produkt des Unternehmens zur Marktführerschaft führen
- Qualitativ machbare Produkte entwickeln
- die Entwicklung der Produkte wirtschaftlich und technisch machbar zu gestalten
- Produktdaten aufbereiten und jederzeit zur Verfügung stellen

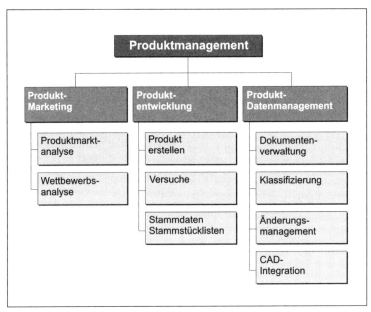

Abbildung 3.3 Organisation des Produktmanagements

Das Produktmanagement erfüllt folgende Aufgaben:

- beim Produktmarketing:
    - Ermitteln des Bedarfs für die Produkte auf dem Gesamtmarkt
    - Analysieren, welche technische Ergänzungen des Produkts erforderlich sind
    - Wettbewerbsanalyse
- bei der Produktentwicklung:
    - Erstellen von Zeichnungen und Stücklisten der Standardprodukte
    - Überwachen von Versuchen mit Prototypen

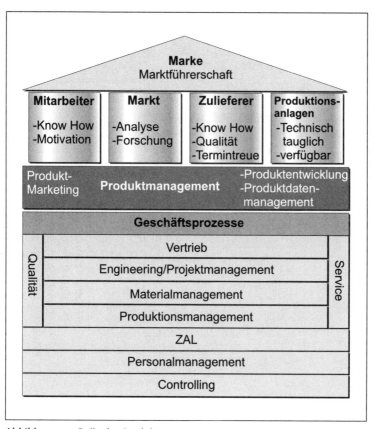

Abbildung 3.4 Rolle des Produktmanagements

- Freigabe von Standardprodukten
- Schulung der Mitarbeiter bei der Einführung neuer Produkte in Bezug auf ihre Handhabung
- Auswahl von Lieferanten für Zulieferkomponenten
- beim Produktdatenmanagement:
  - Dokumentation aller Produktdaten
  - Klassifizierung der Produkte
  - Durchführung des Änderungsmanagements
  - Auswahl von CAD- und ERP-Programmen und Integration derselben

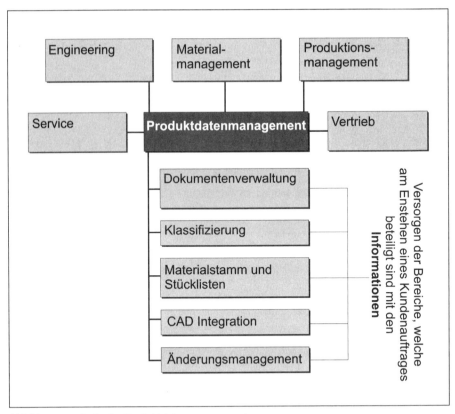

Abbildung 3.5 Rolle des Produktdatenmanagements

Stellenbeschreibung Produktmanagement	
Organisationseinheit	▶ Stabsstelle Geschäftsleitung
Stelle	▶ Leitung Produktmanagement
Inhaber der Stelle	
Personal-Nr.	
Kostenbereich	▶ Geschäftsleitung
Vorgesetzter	▶ Gesamtgeschäftsführer
Stellvertreter	▶ Technischer Leiter
Zuständigkeit	▶ Marktbezogene Produktentwicklung

Stellenbeschreibung Produktmanagement	
Kompetenzen	▶ Festlegung von Normen und Richtlinien für Neuentwicklungen und auftragsbezogene Entwicklungen
Ziele der Stelle	▶ Die Produkte des Unternehmens zur Marktführerschaft führen ▶ Qualitativ annehmbare Produkte entwickeln ▶ Entwicklung der Produkte wirtschaftlich und technisch machbar zu gestalten ▶ Produktdaten aufbereiten und jederzeit zur Verfügung stellen
Wahrzunehmende Aufgaben	▶ Ermitteln des Bedarfs für die Produkte auf dem Gesamtmarkt ▶ Analysieren der Erfordernisse bei technischen Ergänzungen des Produktes ▶ Wettbewerbsanalyse ▶ Erstellen von Zeichnungen und Stücklisten der Standardprodukte ▶ Überwachen und Dokumentieren der Versuche mit Prototypen ▶ Freigabe von Standardprodukten ▶ Schulung der Mitarbeiter bei der Einführung neuer Produkte in Bezug auf ihre Handhabung ▶ Auswahl von Lieferanten für Zulieferkomponenten ▶ Dokumentation aller Produktdaten ▶ Klassifizierung der Produkte ▶ Durchführung des Änderungsmanagements ▶ Auswahl von CAD- und ERP-Programmen und Integration derselben

Stellenbeschreibung Produktmanagement	
Mitarbeiterführung	▶ Kontrolliert seine Mitarbeiter auf Produktivität und Effektivität hin anhand der von ihm erarbeiteten Vorgaben
	▶ Führt mit jedem Mitarbeiter kritische Gespräche, sowohl positiven wie auch negativen Inhalts
	▶ Gibt seinen Mitarbeitern die nötigen Informationen bezüglich der Unternehmensziele bzw. der Teilbereichsziele im Rahmen der Sicherstellung der Arbeitsergebnisse
	▶ Führt motivierende Gespräche
	▶ Führt interne Weiterbildungsmaßnahmen im Rahmen der Aufgabenerfüllung durch
	▶ Entscheidet, wenn nötig, über die Notwendigkeit einer externen Weiterbildung seiner Mitarbeiter
	▶ Entscheidet in Abstimmung mit dem Inhaber, ob für seine Mitarbeiter Überstunden eingeplant werden oder Kurzarbeit eingeführt wird
	▶ Entscheidet nach Rücksprache mit der Geschäftsleitung über die Anforderung einer externen Unterstützung in seinem Bereich
	▶ Verantwortet die produktive Auslastung seines Bereiches/fordert rechtzeitig bei Bedarf Personal an oder setzt Mitarbeiter für andere Tätigkeiten frei

3.1.3 Die Zentrale Auftragsleitstelle (ZAL)

Die Zentrale Auftragsleitstelle wird installiert, wenn die Herstellung von mindestens drei Anlagen oder Maschinen im Unternehmen zeitgleich abgewickelt werden muß. Erst beim Sondermaschinenbau und Anlagenbau mit mehr als 200 Mitarbeitern kommt die Rolle der ZAL voll zur Geltung.

Die ZAL wird als Stabsstelle der Geschäftsleitung eingerichtet. Dadurch stehen ihr zwar Planungs- und Kontrollfunktionen, hingegen keine Ausführungsfunktionen zu. Ihre Rolle ist es, die eingehenden Aufträge je nach Termin, Kapazität und Priorität einzuplanen und zu koordinieren, die Einhaltung der Planung zu überwachen, die Fachbereiche über ihre Auslastungs- und Terminsituation zu informieren und die Erkenntnisse aus dem Auftragsdurchlauf für eine zukünftige Planung, für Auftragsdefinitionen, Produkt- und Produktionsverbesserungen zu nutzen. Die Planung schließt dabei auch die Materialplanung bzw. die Materialverfügbarkeit mit ein. Die wichtigsten Ziele und Aufgaben können wie folgt zusammengefaßt werden:

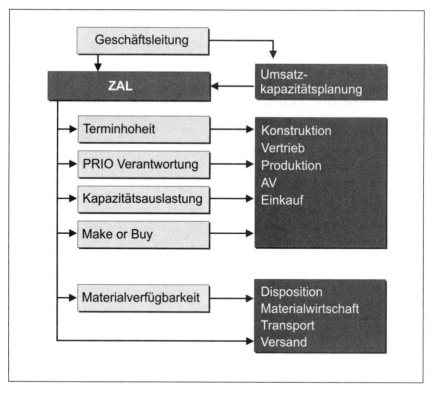

Abbildung 3.6 Rolle der Zentralen Auftragsleitstelle

- ▶ Ermittlung realistischer Angebots- und Auftragstermine bereits bei der Angebotserstellung bzw. bei Auftragseingang
- ▶ Durchlaufterminierung
- ▶ Verkürzung der Durchlaufzeiten von Kundenaufträgen
- ▶ gleichmäßige Auslastung der Kapazitäten aller Bereiche
- ▶ Senkung der Kapitalbindung bei Lager- und Werkstattbeständen
- ▶ Reduzierung der Kosten für Sondermaßnahmen wie z.B. Überstunden, Eilbeschaffungen, Terminjagd usw.
- ▶ Auskunftbereitschaft was den Stand der Kundenaufträge angeht
- ▶ Abwicklung von Auftragsänderungen
- ▶ Kontrollfunktionen
- ▶ permanente Terminkontrolle über den gesamten Auftragsdurchlauf hinweg
- ▶ Kontrolle des Umsatzes in den einzelnen Produktbereichen
- ▶ Kontrolle auf Produktivität und Wirtschaftlichkeit hin beim Auftragsdurchlauf
- ▶ Überwachung der Liefertermine
- ▶ Prioritäten der Kundenaufträge pflegen
- ▶ Kapazitätsauslastung des gesamten Unternehmens

Besondere Bedeutung kommt dabei der Termineinhaltung, der Ermittlung von zuverlässigen Lieferzeiten und der Materialplanung zu.

Die häufig während der Abwicklung auftretenden Änderungswünsche seitens des Kunden müssen zügig bearbeitet werden. Dazu ist es erforderlich, die Auswirkungen auf bereits laufende Aktivitäten schnellstens zu erkennen und sofort darauf zu reagieren. Nicht aufzufangende Lieferverzögerungen müssen dem Kunden sofort mitgeteilt werden.

Stellenbeschreibung Zentrale Auftragsleitstelle	
Organisationseinheit	▶ Stabsstelle Geschäftsleitung
Stelle	▶ Zentrale Auftragsleitstelle
Inhaber der Stelle	
Personal-Nr.	
Kostenbereich	▶ Geschäftsleitung
Vorgesetzter	▶ Gesamtgeschäftsführer

Stellenbeschreibung Zentrale Auftragsleitstelle	
Stellvertreter	▸ Technischer Leiter
Zuständigkeit	▸ Abwicklung von Kundenaufträgen, Entwicklungsprojekten, internen Aufträgen in Bezug auf Kapazitäten, Termine und Prioritäten
Kompetenzen	▸ Keine operativen Kompetenzen ▸ Anweisungsrecht gegenüber den Fachbereichen in Managementfragen sowie das Setzen von Prioritäten ▸ Kontrollfunktionen gegenüber allen Fachbereichen, was die Einhaltung von Terminen und korrekte Rückmeldungen angeht

Ziele der Stelle	▸ Minimierung der Kapitalbindung durch folgende Tätigkeiten:
	  ▸ Terminierung nach Kapazitätsplanung und dadurch optimale Steuerung des auftragsrelevanten Materials und des Personaleinsatzes
	  ▸ Optimierung der Lagerhaltung und Materialbeschaffung
	  ▸ Baugruppengesteuerte Fertigstellung der Produkte in allen betroffenen Bereichen
	▸ Erarbeitung transparenter Kapazitäts- und Terminübersichten, die eine Entscheidungsfindung in folgenden Bereichen erleichtert:
	  ▸ Personalbedarf
	  ▸ Einsatz von Fremdpersonal
	  ▸ Langfristige Überstunden oder Kurzarbeit
	  ▸ Fremdvergabe
	▸ Minimieren der Durchlaufzeiten für alle Aufträge
	▸ Einhaltung aller vorgegebenen Termine (Termintreue)

Stellenbeschreibung Zentrale Auftragsleitstelle	

Wahrzunehmende Aufgaben	▶ Gewährleistung eines kontinuierlichen Arbeitsablaufs, um folgendes zu erreichen:
	  ▶ Hohe Produktivität
	  ▶ Verbesserte Qualität
	  ▶ Reduzierung der Hektik
	  ▶ Hohe Motivation der Mitarbeiter
	▶ Vorgabe und Kontrolle von Prioritäten der zu bearbeitenden Aufträge in allen Bereichen
	▶ Integration des Informationsflusses über alle Betriebsbereiche hinweg
	▶ Gleiches Informationsniveau für alle Betriebsbereiche, was den Stand der Aufträge angeht
	▶ Gewährleistung einer permanenten Transparenz bezüglich der folgenden Eckdaten in der Produktion:
	  ▶ Planerfüllung
	  ▶ Produktivität
	  ▶ Wirtschaftlichkeit
	  ▶ Qualität
	▶ Abstimmung mit Marketing, Technischem Leiter und den betroffenen Fachbereichen, welche Produkte, Typen und Baugruppen planbar sind und einer rationalisierten Produktion gerecht werden
	▶ Abstimmung mit Vertrieb und Marketing, mit welchem Bedarf (Absatzplanung) gerechnet werden kann (mit Soll-Ist-Vergleich)
	▶ Abstimmung mit Geschäftsleitung, mit welchem Umsatz (Umsatzkapazitätsplanung) geplant werden soll (mit Soll-Ist-Vergleich.)
	▶ Vorgabe von Lieferterminen bei Angeboten
	▶ Terminliche Festlegung des Auftragsdurchlaufes für alle an der Produktherstellung beteiligten Bereiche (Engineering, Beschaffung, Produktion, Versand)

Stellenbeschreibung Zentrale Auftragsleitstelle	

	▶ Durchführung der Terminkontrolle und Festlegung der einzuhaltenden Prozeduren während der Terminsitzung
	▶ Festlegung und permanente Überwachung der effektiven Kapazitätsplanung
	▶ Anforderung einer Fremdvergabe, Überstunden, Kurzarbeit für folgende Bereiche (Diese Anforderungen sollen nicht als zwingende Vorgaben, sondern vielmehr als Vorschläge verstanden werden. Die detaillierte Umsetzung bleibt den Fachbereichen überlassen. Sie müssen lediglich melden, wie sie denn vorgehen wollen, und sind für die Einhaltung der Vorgaben verantwortlich):
	   ▶ Mechanische Konstruktion
	   ▶ Elektrokonstruktion
	   ▶ Mechanische Fertigung
	   ▶ Elektromontage
	   ▶ Vormontage
	   ▶ Endmontage
	▶ Versorgung aller betroffenen Stellen mit aktuellen Informationen in Bezug auf:
	   ▶ Kapazitätsauslastung
	   ▶ Terminsituation
	   ▶ Langfristige Personalplanung im Engineering und in der Produktion

Mitarbeiterführung	▶ Kontrolle seiner Mitarbeiter auf Produktivität und Effektivität hin, und zwar anhand der von ihm erarbeiteten Vorgaben ▶ Kritische Reflexion gemeinsam mit dem Mitarbeiter ▶ Weitergabe der nötigen Informationen an die Mitarbeiter über Unternehmensziele bzw. Teilbereichsziele im Rahmen der Sicherstellung der Arbeitsergebnisse

Stellenbeschreibung Zentrale Auftragsleitstelle	
	▶ Führung motivationsfördernder Gespräche mit den einzelnen Mitarbeitern
	▶ Durchführung interner Weiterbildungsmaßnahmen im Rahmen der Aufgabenerfüllung
	▶ Entscheidet, wenn nötig, über die Durchführung einer externen Weiterbildung für seine Mitarbeiter
	▶ Entscheidet in Abstimmung mit dem Inhaber, ob seine Mitarbeiter Überstunden leisten oder Kurzarbeit geschickt werden sollen
	▶ Entscheidet nach Rücksprache mit der Geschäftsleitung darüber, ob eine externe Unterstützung in seinem Bereich notwendig ist
	▶ Verantwortet die produktive Auslastung seines Bereiches. Fordert bei Bedarf rechtzeitig Personal an oder setzt Mitarbeiter für andere Tätigkeiten frei.

3.1.4 Das Qualitätsmanagement

Aus der Qualitätskontrolle der 50er und 60er Jahre, die sich lediglich auf eine produktorientierte Endkontrolle beschränkte, entwickelte sich die moderne Qualitätssicherung, die von folgenden Merkmalen geprägt ist:

- Kontrolle im Entwicklungsbereich
- Qualitätsverbesserung durch Vorbeugung
- Beginn der Prozeßorientierung
- Schwerpunkt in den technischen Bereichen
- Spezialistentätigkeit

Heute kommt ein Maschinen- und Anlagenbauer nicht mehr ohne ein integriertes Qualitätsmanagement aus. Nur wenn sich das Management den Qualitätsprozessen verpflichtet fühlt und alle Mitarbeiter darin einbezogen werden, werden folgende Ziele erreicht:

- Schnelles Erkennen und Abstellen von Fehlerquellen
- Wesentliche Reduzierung der Anzahl von Beanstandungen
- Erhöhung der Produktivität
- Sicherung und Steigerung von Marktanteilen
- Minimierung der Qualitätskosten

Alle Geschäftsprozesse, von der Entwicklung über Materialwirtschaft und Produktion, bis zur Übergabe der Produkte an den Kunden, müssen vom Qualitätsmanagement mit einbezogen werden. Der gesamte Produktzyklus, ab der Entstehung über etwaige Änderungen bis hin zur Archivierung, wird vom Qualitätsmanagement begleitet.

Über die Produktorientierung müssen wir zur Kundenorientierung gelangen. Alle Erkenntnisse, die wir aus der Produktforschung, der Marktanalyse und aus den Kundenanforderungen gewinnen, müssen ebenso in das Qualitätsmanagement einfließen wie Gesetze, Vorschriften und Regeln der Produkthaftung.

3.1.5 Die Organisation von Informationstechnologie

Wie schon in der Einführung beschrieben, wird die Organisation von Informationstechnologie oder ORG/DV als virtuelle Abteilung geführt und je nach Bedarf unternehmensintern oder -extern eingerichtet.

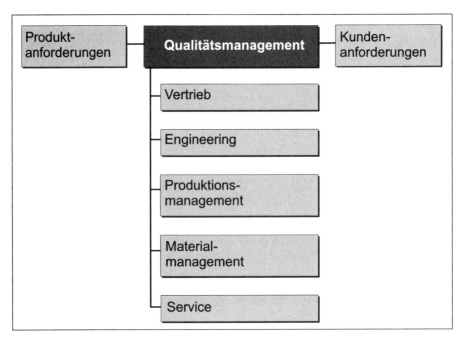

Abbildung 3.7 Rolle des Qualitätsmanagements

3.2 Das Personalmanagement

Als einer der wichtigsten Faktoren, die bei der Entstehung eines Wirtschaftsgutes eine Rolle spielen, sei an dieser Stelle die Auswahl der Mitarbeiter genannt. Dies gilt um so mehr für den Anlagen- und Maschinenbau, der wie kaum eine andere Branche auf den Einsatz von Spezialisten angewiesen ist. Dies gilt für die Bereiche Marketing und Vertrieb ebenso wie für das Engineering, die Produktion und die Materialwirtschaft. Aufgabe des Personalmanagements ist es nun, die Mitarbeiter so auszuwählen, daß das Ziel des Unternehmens, nämlich das Angebot, der Verkauf, die Produktion und die Inbetriebnahme von Maschinen und Anlagen in einem hohen Maß davon profitiert. Daß dabei neben den fachlichen Qualitäten auch menschliche Qualitäten als Kriterien für eine Entscheidung herangezogen werden sollten, ist offensichtlich.

Jeder Mitarbeiter sollte den Arbeitsplatz einnehmen, der seinen Fähigkeiten und persönlichen Bedürfnissen am ehesten entspricht, seine Entwicklung wird behutsam geplant und gefördert. Die Qualifikation der Mitarbeiter wird in einer Matrix den Anforderungen der Geschäftsprozesse entsprechend abgebildet. Die Mitarbeiter sollen mit dem Produkt wachsen und wie selbiges global konkurrenzfähig sein, ihre Zusammenarbeit sollte von Harmonie, gegenseitigem Respekt, von Akzeptanz und Verständnis geprägt sein. Eine gerechte Entlohnung ist dabei genauso selbstverständlich wie eine wohlwollende Anerkennung der geleisteten Arbeit.

Die Aufgaben des Personalmanagements:

- Personalplanung unter Einbeziehung der Geschäftsprozesse
- Personalbeschaffung
- Personalentwicklung
- Personalzeitwirtschaft
- Vergütung
- Personalabrechnung

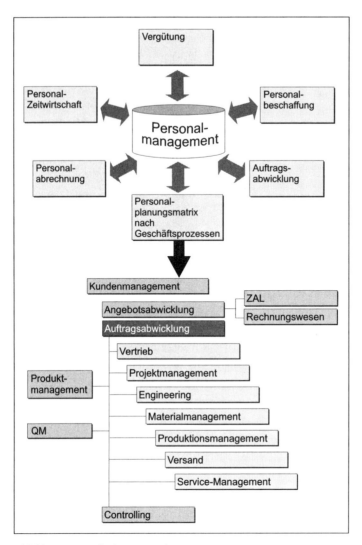

Abbildung 3.8 Rolle des Personalmanagements

3.3 Das Kundenmanagement

Das Kundenmanagement ist verantwortlich für alle Vorgänge innerhalb des Unternehmens, die in Beziehung zum Kunden und Interessenten stehen.

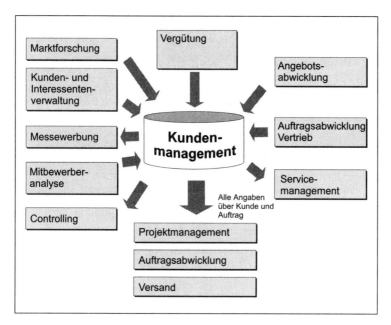

Abbildung 3.9 Rolle des Kundenmanagements

Neben der Marktbeobachtung, also der Analyse des Marktes auf die in ihm geäußerten Bedürfnisse hin, ist es auch Aufgabe des Kundenmanagements, sich einen aktuellen Überblick über die am Markt befindlichen Konkurrenten zu verschaffen und deren Marktverhalten zu analysieren. Darüber hinaus sollte das Kundenmanagement darum bemüht sein, das Image des Unternehmens über ein hohes Maß an Marktpräsenz (Messen/Fachpresse/Werbung) und mit einer exzellenten Serviceleistung stetig zu verbessern. Unterstützend wirkt dabei, daß Angebote prompt unterbreitet und Aufträge präzise und zügig abgewickelt werden. Des weiteren sollte das Kundenmanagement Informationen über Interessenten und Kunden sammeln und anschließend innerbetrieblich zur Auswertung vorlegen.

Die in Abbildung 3.10 wiedergegebene Organisationsstruktur zeigt die Idealform, mit der die oben beschriebenen Aufgaben am effektivsten erfüllt und die Ziele am ehesten erreicht werden können, wodurch sich ein Höchstmaß an Kundenzufriedenheit einstellt.

Abbildung 3.10 Organisation des Kundenmanagements

3.3.1 Marketing

Das Marketing kann man als eine Art Schnittstelle ansehen, die dafür verantwortlich ist, außerbetriebliche Tendenzen zu erkennen, sie zu analysieren, um anschließend daraus innerbetrieblich einen Nutzen zu ziehen. Die Aufgaben des Marketings lassen sich dementsprechend unterteilen.

- Sammeln von Informationen:
    - Marktanalysen durchführen
    - Mitbewerber analysieren

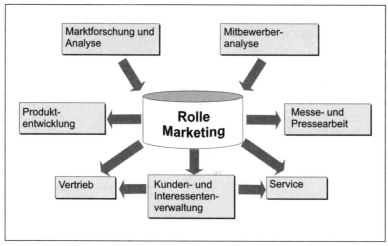

Abbildung 3.11 Rolle des Marketings

▶ Verarbeitung und Verwendung der Informationen für die:
   ▶ Durchführung von Messen
   ▶ Pressearbeit
   ▶ Kunden- und Interessentenvewaltung

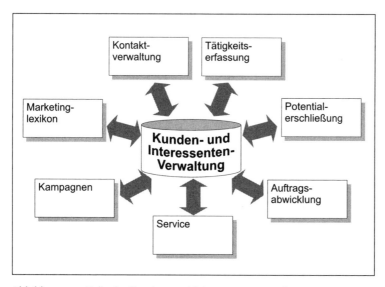

Abbildung 3.12 Rolle der Kunden- und Interessentenverwaltung

Die Kunden- und Interessentenverwaltung ihrerseits nimmt nun viele Aufgaben wahr, die man unter dem Begriff »Kommunikation mit der Außenwelt« fassen könnte (▲ Abbildung 3.12).

Das Kundenmanagement

3.3.2 Vertrieb

Niemand wird die Wichtigkeit der Bereichs Vertrieb für eine Unternehmung in Zweifel ziehen. Dies gilt um so mehr für eine Unternehmung aus dem Anlagen- und Maschinenbau, die ja, wie bereits erwähnt, einen weltweiten Markt zu bedienen und daher auch einen weltweiten Kundenkreis zu pflegen hat. Die Hauptaufgaben des Vertriebs seien im folgenden aufgelistet:

- Planung und Steuerung des Außendienstes
- Anfragenabwicklung
- Angebotsabwicklung
- Auftragsabwicklung

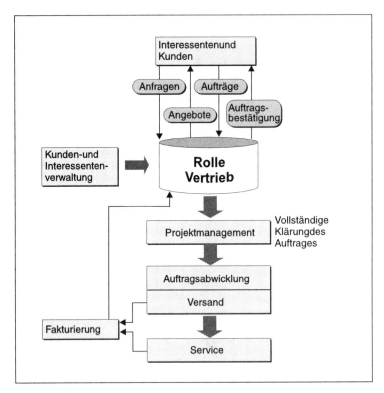

Abbildung 3.13 Rolle des Vertriebs

Unter den vielen Aufgaben des Bereichs Vertrieb ist die Rolle der **Angebotsabwicklung** im Anlagen- und Maschinenbau wohl die anspruchsvollste. Das Bild 3.14 stellt diese Aufgaben im Zusammenhang mit den angrenzenden Bereichen grafisch dar. Man erkennt daraus sehr schön, daß viele andere Bereiche in vielfältiger Weise auf Informationen aus der Angebotsabwicklung angewiesen sind.

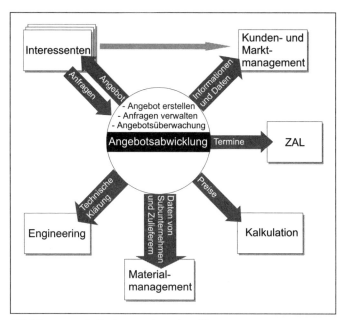

Abbildung 3.14 Rolle der Angebotsabwicklung

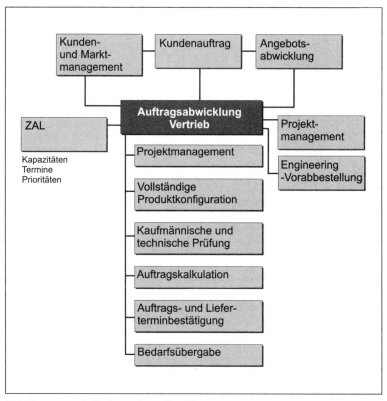

Abbildung 3.15 Rolle der Auftragsabwicklung

Das Kundenmanagement

Mit der Rolle der **Auftragsabwicklung** schließt der Bereich Vertrieb. Abbildung 3.15 zeigt auch für diese Rolle das Beziehungsgeflecht mit den anderen Bereichen.

3.3.3 Projektmanagement

Das Projektmanagement ist innerhalb eines Betriebes für den reibungslosen Ablauf eines Projektes zuständig. Dabei sind seine Aufgaben nicht nur terminlicher, sondern organisatorischer, kalkulatorischer und überwachender Art. Als Aufgaben seien hier stellvertretend folgende genannt:

- Projekte für Angebots- und Auftragsabwicklung strukturieren
- Projektplanung
- Projektcontrolling

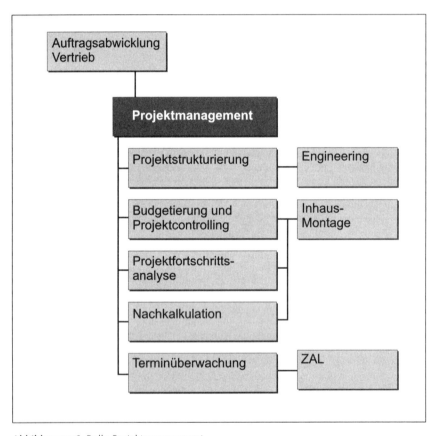

Abbildung 3.16 Rolle Projektmanagement

3.3.4 Servicemanagement

Die gestiegene Komplexität der Produkte im Maschinen- und Anlagenbau, der zunehmende Preisdruck durch verschärften Wettbewerb, die stetig sinkenden Produktzyklen und die zunehmende Globalisierung der Märkte sind Gründe für einen exzellenten Kundenservice. Die Erwartungshaltungen der Kunden in Bezug auf Serviceleistungen werden ständig höher, so daß ein effizientes Servicemanagement für die Unternehmen immer mehr zu einem entscheidenden Element bei der Wettbewerbsdifferenzierung wird.

Neben dem gestiegenen Wettbewerbsdruck im Produktangebot und den anspruchsvollen Serviceerwartungen seitens der Kunden sind es aber auch die wirtschaftlichen Erfolgschancen, die im Service liegen, die dazu geführt haben, daß viele Unternehmen den Bereich der Dienstleistungen als eine strategische Größe für die Steigerung ihrer wirtschaftlichen Wettbewerbsfähigkeit und als ein Mittel für eine langfristige Kundenbindung sehen.

Die Kundenzufriedenheit ist nicht mehr nur von den gelieferten Anlagen oder Maschinen, sondern gleichermaßen von dem sich anschließenden Serviceangebot abhängig. Dazu zählen beispielsweise:

- Hotline-Beratungsleistungen
- Reparaturservice
- Periodische Wartungsmaßnahmen auf der Basis von Wartungsverträgen
- Schulung und Beratung für den Einsatz von Produkten
- Umbau und Neuinstallationen von Produkten
- Ersatzteilverkauf, -lieferung

Die Bandbreite der Anforderungen reicht dabei von schnell durchzuführenden Ad-hoc-Einsätzen (wie z. B. beim Hotline-Service) bis hin zu langfristig geplanten Erweiterungen von Anlagen mit umfangreichen Teillieferungen und unter dem Einsatz von Servicetechnikern. Das Servicemanagement muß also darauf ausgerichtet sein, auf eine breite Palette von Szenarien bestmöglich reagieren zu können, um so ein Höchstmaß an Kundenzufriedenheit zu erreichen:

- Serviceleistungen sind sowohl für einfache als auch für sehr komplexe technische Objekte zu erbringen.
- Nicht nur einfache, meist kurzfristige Serviceanforderungen, sondern auch anspruchsvolle Anforderungen hinsichtlich der Terminierung, der Kapazitätsplanung und der Dokumentation müssen abgewickelt werden.
- Die Leistungserbringung beim Kunden vor Ort muß genauso unterstützt werden, wie die Reparatur eines Kundengerätes in der eigenen Werkstatt.

- Die Durchführung von Serviceleistungen erfordert oftmals nicht nur den Einsatz eigenen Personals, sondern auch den externer Kontraktoren.
- Serviceleistungen werden oftmals aufgrund von vertraglichen Verpflichtungen regelmäßig (d.h. geplant) durchgeführt. Es gilt folglich, die Durchführungstermine automatisch zu überwachen. Die Integration der Vertragsverwaltung und der Durchführung periodischer Serviceleistungen muß durch eine automatische Terminüberwachung sichergestellt werden.
- Serviceleistungen werden sollten im Rahmen von langfristigen vertraglichen Vereinbarungen gewährt werden können.
- Servicemaßnahmen verursachen Kosten, die durch Wartungsverträge abgedeckt sind oder dem Kunden in Rechnung gestellt werden.

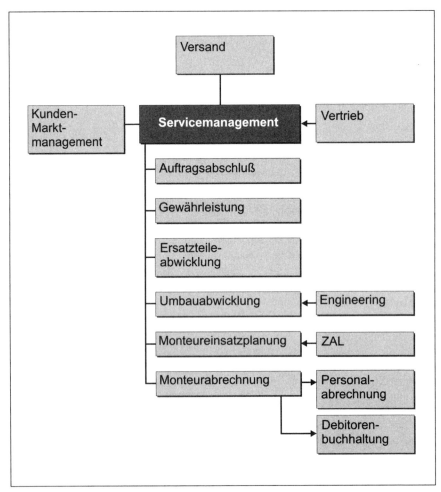

Abbildung 3.17 Rolle des Servicemanagements

Die Abbildung 3.17 zeigt die einzelnen Teilbereiche des Servicemangements mit deren Hilfe die vielfältigen Aufgaben, die sich ihm stellen, bewältigt werden sollen.

Auf zwei dieser Teilbereiche wollen wir im folgenden etwas näher eingehen, nämlich auf die Rollen Auftragsabschluß und Gewährleistungsabwicklung.

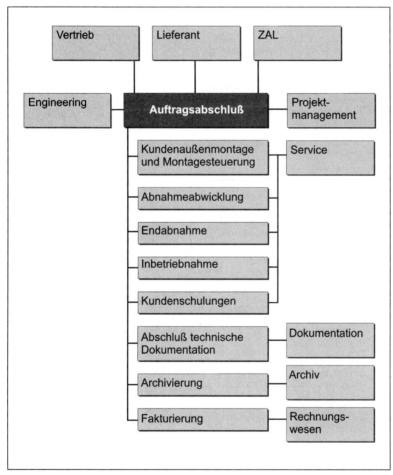

Abbildung 3.18 Rolle Auftragsabschluß

Unter **Auftragsabschluß** werden alle Tätigkeiten zusammengefaßt, die mit der Übergabe der Maschinen und Anlagen an den Kunden einher gehen. Wie Sie der Abbildung 3.18 entnehmen können, sind das eine Vielzahl von Aufgaben, die in ihrer Gesamtheit das Ziel verfolgen, einen zufriedenen Kunden zu gewinnen und ihm ein »rundes« Produkt zu übergeben, das nicht nur hinsichtlich seiner Qualität überzeugt, sondern auch dadurch, daß es in optimaler Weise von flankierenden Maßnahmen begleitet wird.

Die Abbildung 3.19 zur Rolle der **Gewährleistungsabwicklung** macht deutlich, daß im Maschinen- und Anlagenbau auch nach dem Auftragsabschluß noch umfangreiche, besonders für den Kunden wichtige Aufgaben abzuwickeln sind. Die Annahme, mit der Auslieferung des Produkts und seiner Inbetriebnahme wäre die Sache erledigt, erweist sich heutzutage als illusorisch.

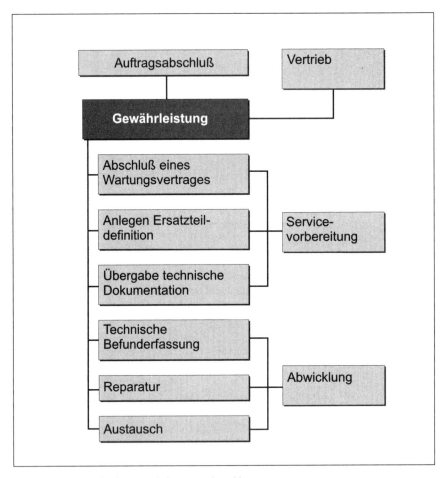

Abbildung 3.19 Rolle der Gewährleistungsabwicklung

Als für den Kunden äußerst wichtige Aufgaben seien hier stellvertretend genannt:

▶ Ersatz- und Verschleißteileabwicklung

▶ Umbauabwicklung

▶ Monteureinsatzplanung

Stellenbeschreibung Servicemanagement	
Organisationseinheit	▶ Kundenmanagement
Stelle	▶ Leitung Servicemanagement
Inhaber der Stelle	
Personal-Nr.	
Kostenbereich	▶ Kundenmanagement
Vorgesetzter	▶ Leitung Kundenmanagement
Stellvertreter	▶ Leitung Vertrieb
Zuständigkeit	▶ Abwicklung Auftragsabschluß ▶ Abwicklung Gewährleistung ▶ Ersatzteileabwicklung ▶ Umbauauftragsabwicklung ▶ Monteureinsatzplanung ▶ Monteurabrechnung
Kompetenzen	▶ Beurteilung und Entscheidung von Garantie- und Kulanzfällen ▶ Monteureinsatz
Ziele der Stelle	▶ Sicherung einer zuverlässigen, schnellen und qualitativ hochstehenden Kundenbetreuung
Wahrzunehmende Aufgaben	▶ Auftragsabschluß beim Kunden mit Übergabe der Maschinen und Anlagen an den Kunden ▶ Gewährleistungsabwicklung mit Vertragsgestaltung ▶ Überwachung und Abwicklung von Ersatzteilaufträgen ▶ Interne Überwachung der termingerechten und funktional einwandfreien Erstellung von Umbauaufträgen; Verantwortung der termingerechten Arbeit beim Kunden ▶ Organisation der Außenmontage durch qualitative Zuordnung der Monteure zu Kunden, Anlagen und Gebieten

Stellenbeschreibung Servicemanagement	
Mitarbeiterführung	▶ Kontrolliert seine Mitarbeiter auf Produktivität und Effektivität hin anhand der von ihm erarbeiteten Vorgaben
	▶ Führt mit jedem Mitarbeiter kritische Gespräche, positiven wie auch negativen Inhalts
	▶ Gibt seinen Mitarbeitern die nötigen Informationen über Unternehmensziele bzw. Teilbereichsziele im Rahmen der Sicherstellung der Arbeitsergebnisse
	▶ Führt motivierende Gespräche mit seinen Mitarbeitern
	▶ Führt interne Weiterbildungsmaßnahmen im Rahmen der Aufgabenerfüllung durch
	▶ Entscheidet, wenn nötig, über die Notwendigkeit einer externen Weiterbildung für seine Mitarbeiter
	▶ Entscheidet in Abstimmung mit dem Inhaber darüber, ob seine Mitarbeiter Überstunden leiste oder in Kurzarbeit geschickt werden sollen
	▶ Entscheidet, nach Rücksprache mit der Geschäftsleitung, ob externe Unterstützung in seinem Bereich angebracht wäre
	▶ Verantwortet die produktive Auslastung seines Bereiches; fordert bei Bedarf rechtzeitig Personal an oder setzt Mitarbeiter für andere Tätigkeiten frei.

3.4 Das technische Management

Die Rolle der Technik im Maschinen- und Anlagenbau erfordert ein hohes Maß an technischem Know-how, um kundenspezifischen Anforderungen gerecht zu werden. Der Abbildung 3.20 läßt sich entnehmen, welch zentrale Stellung die Rolle der Technik einnimmt, ist sie doch dafür verantwortlich, daß die bei ihr eingehenden Daten aus Controlling, Marketing, Vertrieb und Produktdatenmanagement adäquat umgesetzt werden, also in der Produktion sowie den ihr vor- und nachgelagerten Tätigkeiten berücksichtigt werden.

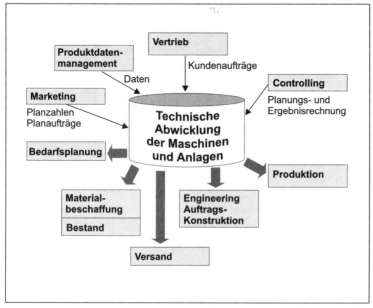

Abbildung 3.20 Rolle der Technik

Sie verfolgt dabei eine Reihe von Zielen, von denen einige im folgenden genannt werden sollen:

- Entwicklung von Kundenanforderungen auf der Basis von Standards
- Produzieren von Einzelteilen, Baugruppen
- Montieren von Positionen, Maschinen und Anlagen
- Materialbeschaffung qualitativ ausreichend, zum besten Preis, zum richtigen Zeitpunkt, am richtigen Ort
- Materialbestandsführung mit Lagerverwaltung und Inventur
- Versandabwicklung mit Kommissionierung, Verpacken, Versand und Transport

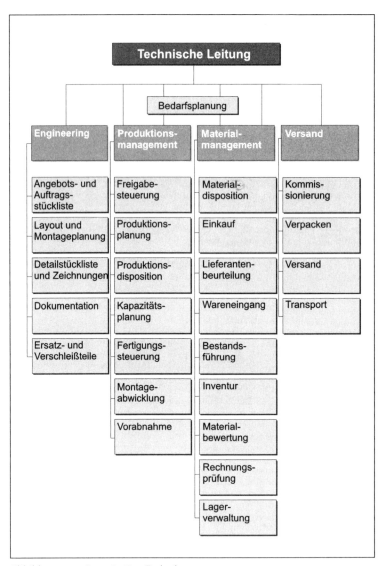

Abbildung 3.21 Organisation Technik

Zur Erfüllung dieser Aufgaben wird der Bereich Technische Leitung nach dem in Abbildung 3.21 dargestellten Organisationsschema aufgebaut, auf dessen einzelne Komponenten wir im folgenden näher eingehen wollen.

Die **Bedarfsplanung** ist zunächst mit einigen auftragsunabhängigen Aufgaben betraut:

▶ Durchführen einer auftragsneutralen Vorplanung
▶ Permanente Ermittlung des Bedarfs an Kundenaufträgen

▶ Weitergabe des ermittelten Bedarfes mit Menge und Termin an Materialbeschaffung und Produktion

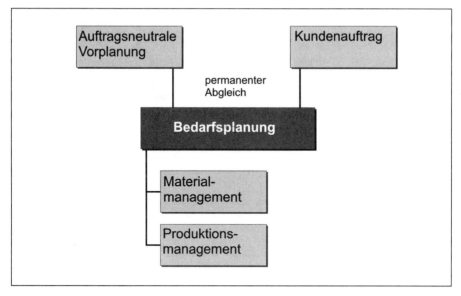

Abbildung 3.22 Rolle der Bedarfsplanung

3.4.1 Engineering

Die Aufgaben des Engineerings liegen hauptsächlich in der Dokumentation. Dabei sollte die Dokumentation in ihren verschiedenen Ausprägungen dem tatsächlichen Zustand des Auftrags so nahe wie möglich kommen. Insbesondere sind folgende Tätigkeiten von Belang:

▶ Permanentes Aktualisieren der Auftragsstruktur nach konstruktiver Fertigstellung des Auftrags
▶ Zeichnungen und Stücklisten erstellen
▶ Kundenauftragsstückliste komplettieren
▶ Montageplan und Montagedokumentation erstellen
▶ Systemdokumentation erstellen
▶ Ersatz- und Verschleißteilliste erstellen

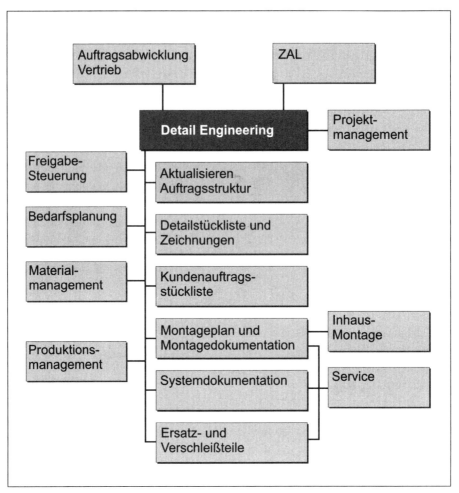

Abbildung 3.23 Rolle des Detailengineerings

3.4.2 Produktionsmanagement

Der nächste Teilbereich der technischen Leitung, nämlich das Produktionsmanagement, verantwortet die Erstellung aller Teile, Baugruppen und Endprodukte zum richtigen Zeitpunkt, am richtigen Ort und in der erforderlichen Qualität.

Das Produktionsmanagement nimmt sich dabei einer Reihe von Aufgaben an, die ihrerseits bestimmte Verantwortlichkeiten übernehmen:

▶ Freigabesteuerung der einzelnen Stücklistenkomponenten nach Termin (Abbildung 3.25)
▶ Produktionsplanung sowohl für kundenauftragsbezogene als auch neutrale Teile

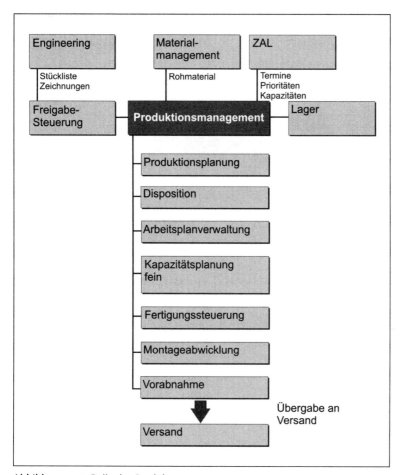

Abbildung 3.24 Rolle des Produktionsmanagements

- Disposition
- Arbeitsplanverwaltung
- Kapazitätsplanung (fein)
- Fertigungssteuerung
- Montageabwicklung
- Vorabnahme

Am Ende des Produktionsmanagements steht die Übergabe an den Versand, also die Bereitstellung des Produktes zur Auslieferung an den Kunden.

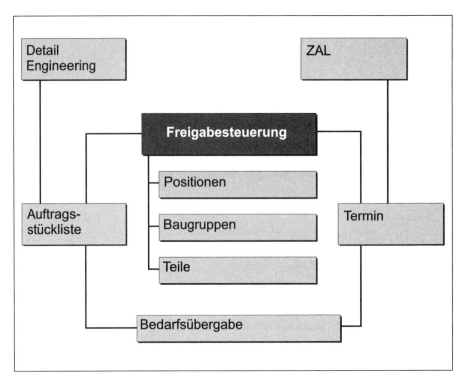

Abbildung 3.25 Rolle der Freigabesteuerung

3.4.3 Materialmanagement

Das Materialmanagement zeichnet für die Pflege und Beurteilung von Lieferanten verantwortlich. Es hat für die Qualität der Zulieferteile und deren pünktliches Eintreffen am richtigen Ort zu sorgen und sollte darüber hinaus einen möglichst günstigen Preis aushandeln. Die Abbildung 3.26 liefert eine Übersicht der im Materialmanagement anfallenden Tätigkeiten.

3.4.4 Versand

Der Versand ist für die termingerechte Komplettierung des Auftrags zuständig. Das Verpacken und der Transport erfolgt unter qualitativen und wirtschaftlichen Gesichtspunkten, d.h., Ergonomie, Kostengünstigkeit und Sicherheit sind wesentliche Aspekte, die es zu berücksichtigen gilt. Die Übergabe an das Servicemanagement geschieht vor Ort bei jeweiligen Kunden. Die Abbildung 3.27 gibt Auskunft über alle weiteren anfallenden Aufgaben.

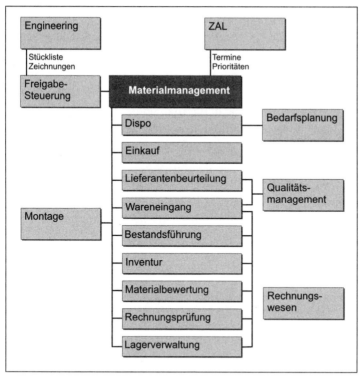

Abbildung 3.26 Rolle des Materialmanagements

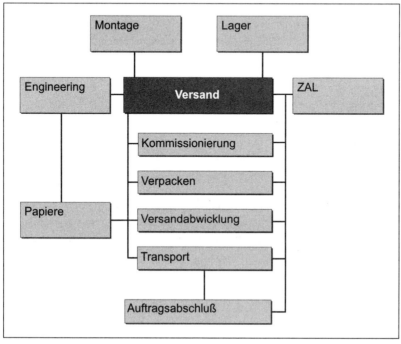

Abbildung 3.27 Rolle des Versands

Das technische Management **75**

3.5 Das kaufmännische Management

Das kaufmännische Management leistet mit seinen Teilbereichen Rechnungswesen, Controlling und Finanzbudgetmanagement einen für die Führung eines Unternehmens entscheidenden Beitrag. Im Maschinen- und Anlagenbau nimmt die Integration des kaufmännischen Managements in die Logistikkette einen besonderen Stellenwert ein. Dabei werden die im Vertrieb, in der Beschaffung und der Produktion ablaufenden Prozesse optimiert. Die Einbeziehung unternehmensübergreifender Geschäftsprozesse, die den Kontakt mit Kunden, Lieferanten und Geldinstituten betreffen, erhöht die Effizienz. Für das kaufmännische Management bedeutet dies, daß neben der Bereitstellung aller buchhalterischer Daten vor allem die Aufbereitung und Auswertung betriebswirtschaftlicher Informationen als Grundlage für strategische Unternehmensentscheidungen in den Vordergrund rückt.

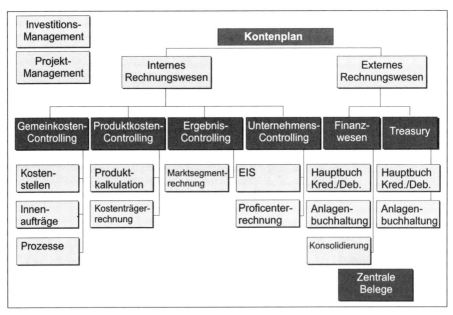

Abbildung 3.28 Rolle des kaufmännischen Managements

Ein modernes und leistungsfähiges Finanzbuchhaltungssystem muß sowohl den externen wie den internen Anforderungen an das Rechnungswesen gerecht werden. Während die externe Sicht auf Rechenschaftslegung (Gesetzgeber) und Information (Anteilseigner, Gläubiger, Belegschaft, Öffentlichkeit) hin ausgerichtet ist, bildet die interne Finanzbuchhaltung mit ihren Kontroll-Dispositionsaufgaben die Grundlage für ein effizientes Unternehmenscontrolling.

Die Rechenschaftslegung wird durch den Gesetzgeber definiert. Bei der Ordnungsmäßigkeit der Buchführung müssen sowohl die gesetzlichen Vorschriften im deutschsprachigen Raum als auch die Vorgaben, die aus der EU-Harmonisierung resultieren, berücksichtigt werden.

Geschäftsprozesse in der Logistik (z. B. Wareneingang, Versand) lösen automatisch Buchungen aus, und zwar unter Einhaltung von gesellschaftsrechtlichen und fiskalischen Grenzen.

Den Datenaustausch mit Geschäftspartnern (Kunden, Lieferanten, Bank, Versicherung, Kreditauskunft) gilt es, zunehmend auf elektronischem Wege abzuwickeln. Die gegenseitige Informationsversorgung geht dabei sowohl als Teil in den Geschäftsprozeß des Partners als auch in den eigenen ein.

Die Aufzeichnung aller Geschäftsvorfälle folgt dem Belegprinzip und ermöglicht daher einen lückenlosen Prüfungspfad von der Bilanz bis hin zum Einzelbeleg. Unmittelbar nach buchhalterischer Behandlung der einzelnen Geschäftsvorfälle müssen bereits die Kontenanzeigen, Summen- und Saldenlisten sowie Bilanz- und GuV-Auswertungen am Bildschirm bearbeitet werden.

Die Hauptbuchhaltung nutzt für ihre Zwecke einen Kontenplan. Wenn neben den buchhalterischen Anforderungen des Gesamtunternehmens auch länderspezifische Vorschriften berücksichtigt werden müssen, kommt man meistens nicht umhin, zwei, wenn nicht gar mehr Kontenpläne parallel zueinander einzusetzen.

Bei der Bilanz muß zwischen unterschiedlichen Typen (Saldenbilanz, Bewegungsbilanz) und verschiedenen Bilanzierungszeitpunkten bzw. -zeiträumen (Stichtagsbilanz, Jahresabschluß) unterschieden werden.

Lückenlosigkeit und zeitnahe Erfassung – diese Forderungen beziehen sich auch auf die buchungsrelevanten Vorgänge der operativen Systeme der Logistik und des Personalwesens. Das System verbucht über Konten die Vorgänge der Logistik in der Finanzbuchhaltung und, falls erforderlich, auch in der Kostenrechnung so daß logistische Mengenbewegungen (Wareneingänge, Lagerentnahmen etc.) mit der wertmäßigen Fortschreibung des Rechnungswesens übereinstimmen.

3.5.1 Rechnungswesen

Die Aufgaben des Rechnungswesens können grob in drei Teilbereiche gegliedert werden:

- Debitorenbuchhaltung
- Kreditorenbuchhaltung
- Anlagenwirtschaft

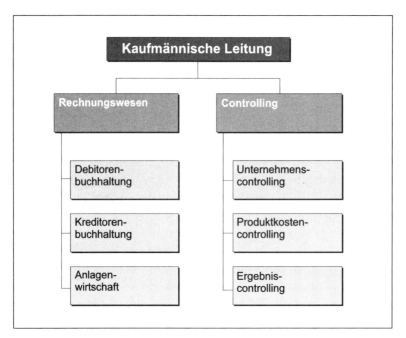

Abbildung 3.29 Organisation des kaufmännischen Managements

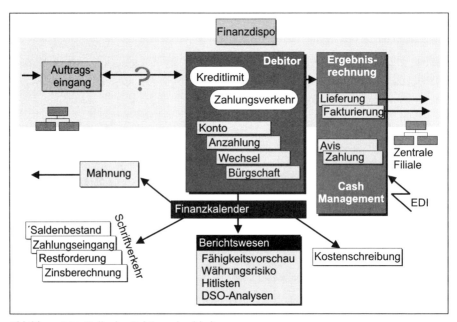

Abbildung 3.30 Rolle der Debitorenbuchhaltung

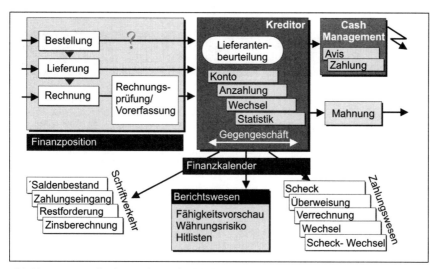

Abbildung 3.31 Rolle der Kreditorenbuchhaltung

Während die Rolle der **Debitorenbuchhaltung** alle Tätigkeiten umfaßt, die mit der Abwicklung des Zahlungsverkehrs zwischen dem Unternehmen und dem Kunden einhergehen (Abbildung 3.30), geht es bei der **Kreditorenbuchhaltung** um den Zahlungsverkehr zwischen Unternehmen und dem jeweiligen Lieferanten (Abbildung 3.31).

Es ist dabei offensichtlich, daß die anfallenden Aufgaben analog zueinander sind und sich nur im Hinblick auf die Richtung des Zahlungsverkehrs voneinander unterscheiden.

Aufgabe der **Anlagenwirtschaft** ist es hingegen, die Wirtschaftsgüter des Unternehmens aufzunehmen und zu bewerten. Umbuchungen, Zugänge, Abgänge, Abschreibungen und Zuschreibungen müssen verwaltet werden. Innerhalb der Anlagenwirtschaft kann es dabei zu immer feineren Differenzierungen kommen, um der jeweiligen Anlagenart möglichst weitgehend gerecht zu werden (Abbildung 3.32).

3.5.2 Controlling

Der zweite Bereich, für den die kaufmännische Leitung neben dem Rechnungswesen verantwortlich zeichnet, ist der Bereich des Controllings. Auch er kann wiederum in drei Teilbereiche grob unterteilt werden (Abbildung 3.33):

▶ Unternehmenscontrolling
▶ Produktkostencontrolling
▶ Ergebniscontrolling

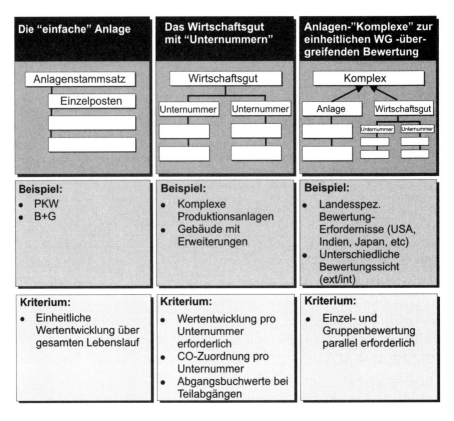

Abbildung 3.32 Rolle der Anlagenwirtschaft

Mit diesen drei Arten des Controllings wollen wir uns im folgenden etwas eingehender auseinandersetzen.

Das **Unternehmenscontrolling** dient der Koordination, Überwachung und Optimierung aller ablaufenden Prozesse. Zu diesem Zweck werden der Verbrauch an Produktionsfaktoren und die erbrachten Leistungen erfaßt. Neben der Dokumentation der tatsächlichen Ereignisse ist die Planung eine weitere Hauptaufgabe des Controllings. Durch den Vergleich der tatsächlichen Ergebnisse mit den von der Planung erwarteten können Abweichungen ermittelt werden. Diese Abweichungen wiederum bilden die Grundlage für steuernde Eingriffe in die betrieblichen Abläufe.

Erfolgsrechungen wie z.B. die Deckungsbeitragsrechnung gewährleisten die Kontrolle der Wirtschaftlichkeit einzelner Teilbereiche sowie die des gesamten Unternehmens und stellen wichtige Informationen bereit, die als Entscheidungshilfen für das Management dienen. Damit unterstützt das Controlling die operative und strategische Zielfindung.

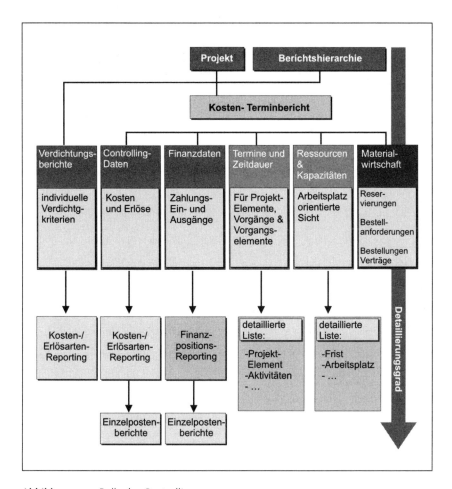

Abbildung 3.33 Rolle des Controllings

Das **Produktkostencontrolling** ermittelt die Kosten, die bei der Herstellung eines Produktes oder der Erbringung einer Leistung anfallen. Das Produktkostencontrolling liefert Basisinformationen für die betriebswirtschaftlichen Funktionen der Preisbildung und der Preispolitik, für das Herstellkostencontrolling, die Bestandsbewertung und die Ergebnisrechnung. Das Produktkostencontrolling schließt dabei die auftragsneutrale Produktkalkulation und die Kostenträgerrechnung mit ein.

In der **Ergebnisrechnung** erfolgt eine Erfolgsquellenanalyse. Zum einen ist sie in der Ergebnisrechnung der letzte Schritt einer kostenbezogenen Abrechnung. Zum anderen werden im Sinne eines Vertriebscontrollings den nach Marktsegmenten differenzierten Erlösen die ihnen zurechenbaren Kosten zugeordnet. Die verwendeten Marktsegmente können vom Benutzer frei gewählt werden. So ist beispielsweise eine Gliederung nach Produkten, Kunden, Aufträgen, Verkaufsorganisationen, Vertriebswegen und Geschäftsbereichen möglich.

4 Die Geschäftsprozesse der Stabsstellen der Geschäftsleitung

4.1 Das Produktmanagement

Die Abbildung 4.6 gewährt einen Überblick über die im Produktmanagement auftretenden Geschäftsprozesse sowie deren Strukturen und Hierarchien.

Abbildung 4.1 Geschäftsprozesse des Produktmanagements

4.1.1 Produktdatenmanagement

Das Produktdatenmanagement (im folgenden PDM genannt) ermöglicht den Aufbau einer flexiblen Produktentwicklungsumgebung und die Verwaltung produktbezogener Daten über den gesamten Lebenszyklus Ihrer Maschinen, Anlagen und Komponentenhinweg. Mit dem PDM können Sie die Produktdaten in allen Bereichen der Geschäftsprozesse Ihres Unternehmens steuern. Das PDM führt die Integration sämtlicher Geschäftsprozesse fort, die für Planung, Entwicklung, Fertigung, Controlling und Lieferung der Produkte an Ihre Kunden notwendig sind.

Das PDM übernimmt die Verwaltung:

▶ aller Produktarten
▶ der Produktfreigabe- und von Änderungsprozessen

- von Produktstrukturen und -konfiguration
- von Produktentwicklungsprojekten

Darüber hinaus verwaltet das PDM alle Informationen, die während des gesamten Lebenszyklus eines Produktes anfallen, und sorgt dafür, daß die richtigen Informationen den richtigen Personen zur richtigen Zeit zugänglich sind. Des weiteren überwacht das PDM die Änderung, Genehmigung und Freigabe von Produktinformationen.

Dokumentenverwaltung

Die einheitliche Verwaltung von verschiedenen technischen, betriebswirtschaftlichen und administrativen Dokumenten gewinnt im Anlagen- und Maschinenbau immer größere Bedeutung. Unter Berücksichtigung von Zugriffsrechten müssen Dokumente der unterschiedlichsten Art den zuständigen Mitarbeitern in einer aktuellen Version zur Verfügung stehen.

Ein Dokument wird eindeutig definiert, indem ein **Dokumenteninfosatz** angelegt wird, der die Verwaltungsdaten und Informationen über das Originaldokument aufnimmt. Er ermöglicht darüber hinaus eine flexible Statusverwaltung, in der verschiedene unternehmensspezifische Freigabeverfahren abgebildet werden. Über den Dokumenteninfosatz werden auch Berechtigungsprüfungen bei Zugriffen auf die Originaldokumente abgewickelt sowie die Verknüpfungen zu externen Frontend-Applikationen sichergestellt. Der Aufbau des Dokumenteninfosatzes erlaubt es, für ein Dokument mehrere Teildokumente und Versionen zu pflegen. Ersteres gewährleistet eine übersichtliche Datenstrukturierung. Das Vorhandensein mehrerer Versionen hingegen macht eine lückenlose Verfolgung über verschiedene Änderungsstände hinweg möglich, wodurch ein Änderungsprozeß jederzeit transparent gehalten werden kann. Wichtig ist dabei, daß das Dokumentenverwaltungssystem in den Änderungsdienst integriert ist. Dokumentinformationssätze müssen einem Klassifizierungssystem nach klassifiziert werden, die Dokumentenstücklisten (eine Art der Dokumentenhierarchie) werden mit Hilfe der Stücklistenverwaltung abgebildet.

Dokumente müssen entlang der gesamten logistischen Kette ihrer Klassifizierung nach, aufgrund bestimmter Selektionsparameter, über die Dokumentenhierarchie oder einen Matchcode gesucht und anschließend zur Verfügung gestellt werden – ein wichtiger Aspekt, der bei einer Gesamtlösung für das ganze Unternehmen nicht vernachlässigt werden sollte.

Innerhalb der Dokumentenverwaltung ergeben sich folgende Vorteile:

- stellt Dokumente unterschiedlichster Art den jeweils zuständigen Mitarbeitern zur Verfügung

- ermöglicht flexible Statusverwaltung
- Dokumentversionen sind pflegbar
- Änderungsstände sind nachvollziehbar

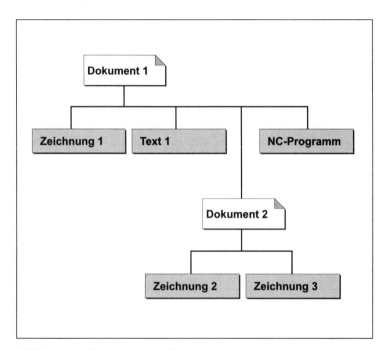

Abbildung 4.2 Dokumentenstruktur

Klassifizierung

Ein Klassifizierungssystem ist eine anwendungsübergreifende Funktion, die die Klassifizierung beliebiger Grunddatenobjekte ermöglicht. So können Sie z.B. Materialien, Arbeitspläne, Fertigungshilfsmittel, Dokumente, Prüfmerkmale, Debitoren und Kreditoren klassifizieren und nach festgelegten Kriterien strukturieren. Das Klassifizierungssystem hilft z.B. Konstrukteuren, einander ähnliche Teile aufzufinden, und damit die Teilevielfalt im Unternehmen zu verringern.

Die Eigenschaften des Objektes werden mit Hilfe von Merkmalen beschrieben. Objekte mit gemeinsamen oder einander ähnlichen Eigenschaften werden im Anschluß daran in einer oder mehreren Klassen (mit Merkmalen) zusammengefaßt. Die Merkmale werden dabei bewertet, um die Ausprägungen des Objektes für das System zu definieren. So besitzt in der Materialklasse **Schrauben** mit den Merkmalen **Gewindeart** und **Länge**, ein Material beispielsweise die Werte **metrisch** und **30 mm**.

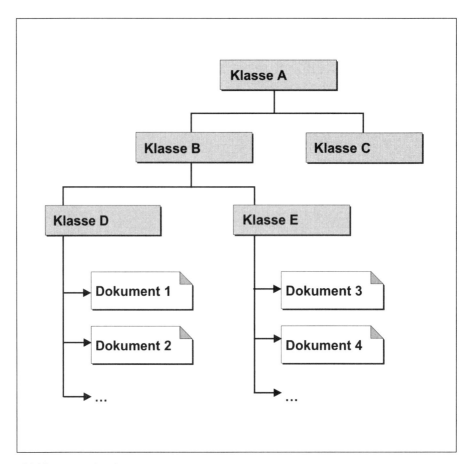

Abbildung 4.3 Klassifizierung

Das System muß entlang der ganzen Prozeßkette (Pflege und Klassen und Merkmale, Objektklassifizierung, Objektsuche) dem Anwender eine effektive Unterstützung bieten. So können Sie z. B. für die Merkmalpflege festlegen, ob Merkmale bewertet werden müssen, oder eine optionale, ein- bzw. mehrwertige Merkmalpflege mit vordefinierten Merkmalswerten vorgesehen ist.

Diese Funktion reduziert den Aufwand für die Klassifizierungspflege und die Objektsuche erheblich. Um zu einer besseren Strukturierung der Daten zu kommen und damit ein leichteres und schnelles Wiederfinden des gesuchten Objekts zu gewährleisten, können Sie aus den Klassen verschiedene Hierarchien und Netze (mit und ohne Merkmalsvererbung) ableiten.

Für die Klassifizierung ergeben sich folgende Vorteile:

▶ verschiedene Objekte können nach festgelegten Kriterien strukturiert werden
▶ Verringerung der Teilevielfalt

- Reduzierung des Aufwands bei der Objektsuche
- Wiederfinden von vorhandenem Wissen

Materialstamm

Der Materialstammsatz ist ein zentrales Datenobjekt. Er faßt alle notwendigen Daten für Erzeugnisse, Halbfabrikate, Rohstoffe, Hilfsstoffe, Betriebsstoffe, Fertigungsmittel und andere Materialarten zusammen. Für einen Materialstammsatz können sowohl allgemeine Daten, die für gewöhnlich in der Konstruktionsabteilung oder Normstelle definiert werden und für das gesamte Unternehmen gültig sind (z.B. Materialnummern, mehrsprachige Bezeichnung, Gewicht, Werkstoff, Klassifizierungsdaten), als auch spezifische Daten für unterschiedliche Fachbereiche (z.B. Vertrieb, Disposition, Arbeitsvorbereitung) gepflegt werden. Diese Aufteilung wird über unterschiedliche Sichten auf einen Materialstammsatz realisiert.

Wenn das Dokumentenverwaltungssystem aktiv ist und eine Konstruktionszeichnung oder andere Dokumente dem Materialstammsatz zugeordnet sind, können Originale direkt aus dem Materialstammsatz heraus angezeigt werden. Diese Dokumenteninformationen stehen dann unternehmensweit zur Verfügung.

Der Materialstamm profitiert wie folgt:

- Möglichkeit des Zusammenfassens von allen notwendigen Daten
- einheitliche Pflege der unterschiedlichen Materialstämme und der unterschiedlichen Abteilungen möglich
- Anzeigen von Originalen direkt aus dem Materialstammsatz
- Dokumentinformationen stehen unternehmensweit zur Verfügung

Stücklisten

Im System müssen neben den Materialstücklisten auch Dokument-, Equipment- und Technische-Platz-Stücklisten gepflegt werden. Damit steht Ihnen für mehrere Objekte die volle Funktionalität der Stücklistenverwaltung zur Verfügung.

Die Materialstücklistendaten können in unterschiedlichen innerbetrieblichen Bereichen verwendet werden. Daher unterscheidet das System zwischen verschiedenen Stücklistenverwendungen wie z.B. Konstruktion, Fertigung, Kalkulation, Vertrieb und Instandhaltung. Die unterschiedlichen Verwendungen können durch jeweils separate Stücklisten abgebildet werden. Auch die Stücklistenpositionen können mit Blick auf ihre Verwendung selektiert werden und in die Stückliste einfließen. So können Sie Stücklistenpositionen in einer Stückliste z.B. als konstruktions-, fertigungs- oder vertriebsrelevant kennzeichnen.

Jeder innerbetriebliche Bereich erhält demnach eine spezielle Stückliste mit bereichsspezifischen Daten. Eine Stückliste kann neben einer zeitlichen auch eine räumliche Gültigkeit besitzen. Man unterscheidet aus diese Weise zwischen Konzern- und Werksstücklisten, und umgeht so die Problematik **K- und F-Stücklisten** (Konstruktions- und Fertigungsstücklisten). Damit die Konstruktionsstückliste unternehmensweit eindeutig ist, wird sie als Konzernstückliste definiert und von der Konstruktionsabteilung gepflegt. Da die Fertigungsstückliste in der Verantwortung des produzierenden Werkes liegen kann, die Fertigungsbereiche der einzelnen produzierenden Werken sich aber mitunter voneinander unterscheide, wird sie sinnvollerweise werksbezogen definiert.

Für die **Stücklisten** lassen sich folgende Vorteile anführen:

- Verfügbarkeit der Funktionalität mehrerer Objekte in der Stücklistenverwaltung
- Materialstücklistendaten können in unterschiedlichen innerbetrieblichen Bereichen verwendet werden und über vollständig voneinander unabhängige Stücklisten abgebildet werden
- jeder innerbetriebliche Bereich erhält eine spezielle Stückliste

CAD-Integration

Als wichtigster Baustein der PDM-Funktionen ist die CAD-Integration zu sehen. Erst über eine Online-Schnittstelle ist der notwendige Dialog zwischen Zeichnungserstellung und Stücklistenverwaltungssystem realisierbar. Die Funktionen für die Bereiche Materialstammsatz, Stücklisten, Dokumentenverwaltung, Klassifizierung und Workflow müssen direkt in die CAD-Anwendung integriert sein.

Bei der **CAD-Integration** ergeben sich folgende Vorteile:

- schnelle Bearbeitung im CAD-System
- sichere Übernahme und Übergabe ins Gesamt-IT-System

Änderungsmanagement

Das Änderungsmanagement ist die Grundlage für die Dokumentation von Anpassungen über den gesamten Lebenszyklus eines Produkts hinweg. Es werden dabei die ursprünglichen sowie die geänderten Daten gehalten, um den Änderungsprozesses bei Bedarf lükkenlos nachvollziehen zu können.

Der Änderungsdienst steht für die folgenden Stammdaten zur Verfügung:

- Materialstamm
- Stückliste

▶ Dokumente
▶ Arbeitspläne und Planungsrezepte
▶ Klassifizierungsdaten
▶ Beziehungswissen
▶ Konfigurationsprofile
▶ Variantentabellen

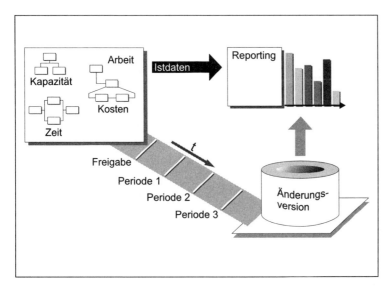

Abbildung 4.4 Projektänderungen

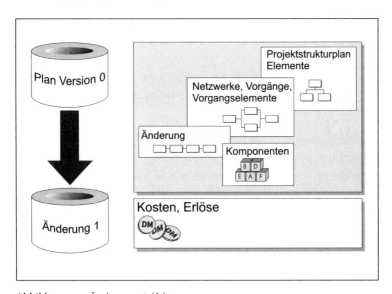

Abbildung 4.5 Änderungsvielfalt

Die eigentliche Änderung wird über den Änderungsstammsatz verwaltet. Dieser enthält die relevanten Daten einer Änderung wie das Änderungsdatum, den Revisionsstand, die Referenz der eigentlichen Änderung an den Stammdaten, sowie weitere Verwaltungsdaten. Zusammengehörende Änderungen, auch an verschiedenen Stammdaten, können unter einer einzigen Änderungsnummer zusammengefaßt werden.

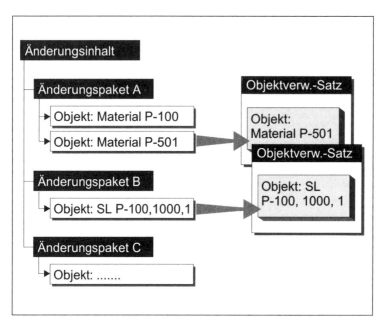

Abbildung 4.6 Änderungsnummern

Bei komplexen Änderungen kann der besseren Übersicht wegen eine Hierarchie aufgebaut werden. Diese besteht aus einer Änderungseinheit und untergeordneten Änderungspaketen. Die Änderungseinheit bildet eine logische Klammer um verschiedene Änderungspakete, die für sich genommen funktional den Änderungsstammsätzen entsprechen.

Zusammengehörende Änderungen von mehreren Objekten können auf einfache Weise zu einer logischen Einheit zusammengefaßt werden, in dem alle betroffenen Änderungen mit Bezug auf ein und denselben Änderungsstammsatz durchgeführt werden. Bei diesem Vorgehen ist es mitunter insbesondere bei komplexen Änderungen schwierig, organisationsspezifische Abläufe im Unternehmen für unterschiedliche Objekte (z.B. Stückliste, Arbeitsplan) zu definieren. Zudem führt die Zusammenfassung von sehr vielen Änderungsobjekten teilweise zu unübersichtlichen Änderungslisten.

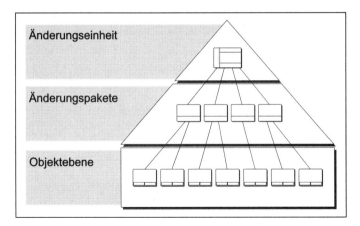

Abbildung 4.7 Änderungshierarchie

Mit der **Hierarchie von Änderungsstammsätzen** besteht die Möglichkeit, komplexe Produktänderungen transparent und überschaubar zu gestalten, ja sie sogar unter Berücksichtigung unterschiedlicher Sichten (z. B. organisatorische und funktionale) zu strukturieren.

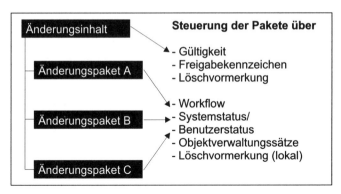

Abbildung 4.8 Funktionen der Hierarchiestufen

Das **Änderungsmanagement** profitiert vom organisierten Produktdatenmanagement wie folgt:

- sichere Grundlage für die Dokumentation von Anpassungen während des gesamten Lebenszyklus des Produktes
- sichere Durchführung von Kundenänderungen, Preis- und Terminfestlegung
- sichere Durchführung von Konstruktionsänderungen
  - Änderungen am Werkstück
  - Umbau
  - Verschrottung

☑ Checkliste Produktdatenmanagement	Kommentar
☐ **Verwaltung festlegen**	
☐ Produktarten	
☐ Produktfreigabe und Änderungsprozeß	
☐ Produktstrukturen und Konfiguration	
☐ Produktentwicklungsprojekte	
☐ **Dokumentenverwaltung**	
☐ Festlegen Dokumentenverwaltung	
☐ Verknüpfung mit Klassifizierung	
☐ Workflow festlegen	
☐ Aufbau Dokumenteninfosatz	
☐ **Klassifizierung**	
☐ Klassifizierungsobjekte im PDM festlegen	
☐ Eigenschaften der Objekte mit Merkmalen beschreiben	
☐ **Materialstamm für**	
☐ Erzeugnisse	
☐ Halbfabrikate	
☐ Rohstoffe	
☐ Hilfsstoffe	
☐ Betriebsstoffe	
☐ Fertigungsmittel	
☐ **Stückliste pflegen**	
☐ Materialstücklisten	
☐ Dokumentenstücklisten	
☐ Equipmentstücklisten	
☐ **CAD-Integration mit ERP-System (Funktionen)**	

☑ Checkliste Produktdatenmanagement	Kommentar
☐ Materialstammsatz	
☐ Stücklisten	
☐ Dokumentenverwaltung	
☐ Klassifizierung	
☐ Workflow	
☐ **Änderungsmanagement Stammdaten**	
☐ Materialstamm	
☐ Stückliste	
☐ Dokumente	
☐ Arbeitspläne	
☐ Klassifizierung	
☐ Beziehungswissen	
☐ Konfigurationsprofile	
☐ Variantentabellen	
☐ Hierarchien von Änderungsstammsätzen festlegen	

4.1.2 Produktentwicklung

Geschäftsprozesse vor der Entscheidung, die Einführung neuer Produkte betreffend

Der Marktbedarf wird über Marktanalysen ermittelt und über Kennzahlen zur Verfügung gestellt. Gleichzeitig werden Trends, Anforderungen des Marktes und gewünschte Technologie der Entwicklung vorgegeben. Der gewünschte Starttermin und die Losgrößen werden festgelegt. Nachdem diese Vorgaben getroffen wurden, übernimmt die Produktentwicklung den Prozeß federführend und legt zunächst die Typenreihe fest. Daraufhin wird der Entwurf des neuen Produktes erstellt und mit den wichtigsten Kunden abgestimmt. Es folgt die Detailkonstruktion, mit dessen Ergebnis, nämlich dem Prototyp, dann eine Versuchsreihe gestartet wird.

Es schließt sich eine Prüfung an, deren Gegenstand es ist, zu untersuchen, ob das Produkt auch fertigungsgerecht entworfen wurde. Nach der Erstellung eines Aktivitäten- und Terminplans wird die Wirtschaftlichkeitsberechnung durchgeführt, die auf den ermittelten Daten des Produktionsmittelbedarfs, des Personalaufwands und des Materialbedarfs basiert. Daraufhin wird der Preis des neuen Produkts festgelegt, die möglichen Zulieferer werden ausgewählt. Nachdem etwaige fachliche Widerstände erkannt und möglichst ausgeräumt wurden, geht man dazu über, die Qualitätsanforderungen zu bestimmen.

Abschließend wird die Pilotentwicklung abgenommen und die Dokumentation ausgearbeitet.

Geschäftsprozesse nach einer positiven Entscheidung, die Einführung neuer Produkte betreffend

Nach der gemeinsam getroffenen Entscheidung für die Freigabe der Piloterstellung durch das Produktmanagement, das Qualitätsmanagement und die Geschäftsleitung, legt das Engineering der Produktentwicklung jetzt alle Grunddaten wie Sachnummern, Stücklisten, Werkstoff, Verpackung und Produktionsmittelbedarf fest. Die Produktionsplanung spezifiziert daraufhin alle Eckdaten, die für die Herstellung des Produktes notwendig sind wie Arbeitspläne, Produktionsablauf, evtl. neue Arbeitsplätze, Arbeitsanweisungen, Werkzeuge, Vorrichtungen, Transporteinrichtungen etc.

Das Materialmanagement definiert den Materialbedarf, die erforderlichen Bestellmengen und die benötigten Lagerplätze. Die Kalkulation legt Kalkulationsgrundlagen, das Qualitätsmanagement Qualitätsnormen und die für deren Einhaltung erforderlichen Kontrollen fest. Das Produktmanagement ist verantwortlich für die Schulung der Mitarbeiter in allen Bereichen, um eine sichere Handhabung des neuen Produktes sicherzustellen.

Der **Nutzen aus der organisierten Produktentwicklung** liegt zum einen in der exakten Ausrichtung der Produkte nach Typen. Darüber hinaus fließen Marktanforderungen und Kundenwünsche in die Produktentwicklung mit ein, das Produkt wird also sozusagen marktbezogen entwickelt. Eine Anzahl von technischen Prüfungen und Versuchen gewährleisten machbare Produkte. Termine für Messen und Produktivstart werden durch die Projektplanung eingehalten. Eine wirtschaftliche Produktion unter rechtzeitiger Einbindung möglicher Lieferanten wird gewährleistet. Benötigte Konstruktionen werden termingerecht fertiggestellt und stellen eine rechtzeitige Materialbeschaffung und Fertigstellung der Produkte selbst sicher.

4.2 Die Zentrale Auftragsleitstelle (ZAL)

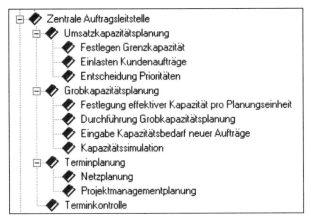

Abbildung 4.9 Geschäftsprozesse der ZAL

4.2.1 Umsatzkapazitätsplanung

Es gilt, die Vorgaben der **Grenzkapazitäten** für die einzelnen Produktbereiche zu bestimmen. Von der Geschäftsleitung wird zunächst der geplante Gesamtumsatz auf der Kapitalbasis festgelegt, gleiches geschieht mit den Umsätzen für jeden Einzelbereich. Dabei ist folgendes zu beachten:

- Mitarbeiterstand des (der) Werk(e)
- geplanter Auf- oder Abbau der Kapazitäten in den einzelnen Werken
- Zu erwartende Produkte im Planungszeitraum
- Einteilung der Grenzkapazität pro Woche oder Monat hat unter Berücksichtigung der zu erwartenden Arbeitstage zu geschehen (Urlaub, Feiertage usw.)

Die Kundenaufträge werden jeweils pro Bereich eingelastet. Die Verkaufssumme wird in Auslieferwoche oder -monat eingetragen. Die Grenzkapazität darf dabei maximal um einen von der Geschäftsleitung festgelegten Betrag überschritten werden. Bei Überschreiten dieser Grenze ist eine Einhaltung der Liefertermine nicht mehr gewährleistet.

Neueinlastung: Bei einem Angebots- oder Auftragseingang muß der Vertrieb von der ZAL den möglichen Liefertermin ermitteln lassen. Hier ist die Umsatzkapazitätsplanung das einfachste und schnellste Mittel. Die Gesamtkapazitätssituation und der Durchlauftermin müssen dabei ebenfalls berücksichtigt werden. Der von der ZAL bestätigte Termin darf in den Lieferplan übernommen werden. Wird das Angebot zum Auftrag, so wird der Auftrag in der Umsatzkapazitätsplanung eingeplant.

Änderungen: Bei Änderungen der Auslieferung (inhaltlich oder terminlich) muß die ZAL umgehend informiert werden. Der Auftrag wird dann neu eingelastet, und sämtliche daraus entstehende Auswirkungen wie neuer Liefertermin, neuer Auftragsstand, Auswirkungen auf andere Aufträge werden aufgezeigt.

4.2.2 Grobkapazitätsplanung (Projektplanung)

Die Grobkapazitätsplanung ist ein Kernbestandteil der Auftragsabwicklung, der Projektsteuerung und der Zeitwirtschaft. Hier werden Rückmeldungen und Kosten gesammelt, und zwar auch für Bereiche, die nicht so genau geplant und gesteuert werden müssen, wie dies in der Fertigung üblich ist.

Aufgaben der Grobkapazitätsplanung:

- Einlasten aller Aufträge mit Angabe der Stunden je Abteilung für alle am Durchlauf beteiligten Abteilungen.
- Gleichmäßige Kapazitätsauslastung, unter Berücksichtigung einer machbaren Kapazität (effektive Kapazität).
- Erhöhen der Produktivität durch weniger Hektik und dadurch bessere Motivation der betroffenen Mitarbeiter.
- Planung von Lieferterminen für Angebote (Angebotssimulation), da wo die Umsatzkapazitätsplanung nicht ausreichend ist.

Eine Kapazitätsplanung basiert immer auf verschiedenen Eckdaten, die natürlich zuerst erstellt und im weiteren Verlauf des Prozesses verwaltet werden müssen. Zu nennen wären hier die folgenden:

- Kalender
- Planungseinheiten
- Durchlaufmodelle
- Anzahl Mitarbeiter pro Planungseinheit
- Personaltabelle
- Planungsfaktoren je Planungseinheit zur Ermittlung der effektiven Kapazität
- Kostenstellen und Stundensatz je Kostenstelle

Folgende Auftragsdaten müssen eingegeben werden:

- Auftragsnummer, Position
- Kundenkurzname
- Auftragsinhalt (Typennummer, Kurzbezeichnung)
- Hinweis (z. B. Konventionalstrafe)

Bei der Herstellung von Sondermaschinen sind noch folgende Daten von Bedeutung:

- Sollstunden je Planungseinheit, Auftragsnummer und Position
- Ecktermine je Planungseinheit, Aufttragsnummer und Position

Die Durchführung der **Planung** wird DV-technisch unterstützt. Der Umfang dieser Unterstützung wird im Detail festgelegt. Die wichtigsten zu erfüllenden Funktionen sind:

- Ermittlung möglicher Start- und Liefertermine eines Auftrags
- Einlastung je Planungseinheit nach vorgegebenem Einlastungsverfahren
- simulierte Einlastung ermöglichen
- Rückmeldungen erfassen und evtl. in der mitlaufenden Kalkulation und bei der Entlohnung benutzen
- bei Fertigmeldung Istzeit und Durchlauftage für Archivierung und Korrektur der Standarddurchläufe speichern

Eine Überschreitung der effektiven Kapazität um bis zu 20 % wird zugelassen. Die ZAL muß aber in einem solchen Fall rechtzeitig darüber informieren und gemeinsam mit dem betroffenen Ressortleiter entsprechende Maßnahmen einleiten.

Die Planung stellt sich als immer dann besonders effektiv heraus, wenn man ihre Ergebnisse grafisch darstellen kann. Wo immer es möglich ist, sollte daher der **grafische Kapazitäts-/Termin-Durchlaufplan** benutzt werden. Er bietet folgende Vorteile:

- hohe Transparenz
- sehr gute Informationsvermittlung
- exakte Einplanung neuer Projekte
- einfache Handhabung
- große Flexibilität
- wenig Formalismus
- Erkennen langfristiger Trends
- gute Steuerungsmöglichkeiten
- Verhinderung von Terminüberschreitungen der Aufträge
- rechtzeitiges Anfordern von Überstunden, Leiharbeitern, Auswärtsvergabe, Kurzarbeit
- gleichmäßige Auslastung
- Überblick über etwaige Engpässe

- Verhinderung von Wartezeiten in Konstruktion, AV, Fertigung und Montage
- Übersicht über Auftragsabwicklung; Entlastung der Führungskräfte von Abwicklungsarbeiten
- geringer Personalbedarf zur Auftragssteuerung
- optimale Koordination

4.2.3 Terminplanung

Die Terminplanung ist mit folgenden Aufgaben betraut:

- Steuerung des Auftrags auf Baugruppenebene
- Gesamtberücksichtigung aller Aufträge und aller beteiligten Abteilungen
- Vergabe von Prioritäten
- Durchlaufterminierung aller Aufträge
- Steuerung des Materialeinsatzes und der Materialverfügbarkeit

Je Produkt (Maschinentype) und Hauptbaugruppe werden Standarddurchlaufzeiten für alle Abteilungen ermittelt. Dies ist auf dieser Ebene unbedingt notwendig, da eine manuelle Verwaltung der Termine von der Menge her nicht mehr möglich ist. Diese Abläufe je Baugruppe müssen mit dem entsprechenden Durchlaufmodell der Kapazitätsplanung abgestimmt werden. Ihre Start- und Endtermine müssen für jede Abteilung innerhalb der entsprechenden Zeiträume der Kapazitätsplanung liegen.

Jeder Liefertermin muß vor Kundenauftragsbestätigung zwischen Vertrieb und ZAL im Rahmen der Kapazitätsplanung abgestimmt werden. Ähnliches gilt für Lieferänderungen, die durch Änderungswünsche seitens der Kunden auftreten. Durch die Umsatzkapazitätsplanung (in Geld) und die Kapazitätsplanung (in Stunden) sind realisierbare Termine gesichert. Der zwischen Vertrieb und ZAL abgestimmte Liefertermin (meist Monats- oder Wochenangabe) wird von der ZAL genauer definiert (Tag). Dabei sind vom Vertrieb mit z.B. **Konventionalstrafe, besondere Kunden** usw. besonders gekennzeichnete Maschinen immer am Anfang des Monats bzw. der Woche einzuplanen.

Standardmaschinen, für die ein Standarddurchlauf vorhanden ist, werden von der ZAL in das Terminplanungssystem eingegeben. Das System errechnet alle Teiltermine je Baugruppe und Abteilung. Sonderanlagen ohne Standarddurchlauf können manuell terminiert werden (Ecktermine je Baugruppe und Abteilung). Da eine solche Methode sehr aufwendig ist, können für solche Aufträge Sonderdurchlaufmodelle erstellt werden, die aus den Standardmodellen durch Kopieren und anschließendes Ändern entstehen. Danach kann die Terminplanung wie bei Standardmaschinen durchgeführt und überwacht werden.

4.2.4 Terminkontrolle

Um die Vorgaben der ZAL in letzter Konsequenz zu erfüllen, bedarf es einer wirkungsvollen Terminkontrolle. Die praktische Durchführung der Terminkontrolle ist abhängig von den organisatorischen Möglichkeiten. So ist es bei einem DV-Dialogsystem jedem beteiligten Bereichsleiter möglich, die aktuelle Terminsituation am Bildschirm abzurufen. Die Notwendigkeit, langwierige und personalaufwendige Sitzungen einzuberufen, um die Terminsituation zu besprechen, wird dadurch wirksam reduziert. Nur in wirklich kritischen Fällen bleibt eine solche Terminsitzung eine unerläßliche Notwendigkeit, weil nur im gemeinsamen Gespräch koordinierte Maßnahmen getroffen werden.

Nach Einführung einer wirksamen Terminkontrolle reduziert sich der Aufwand bei folgenden Aktivitäten:

- häufiges Nachfragen verschiedener Mitarbeiter bezüglich der gleichen Probleme
- Warten auf Entscheidungen
- einzelne Sonderaktionen, eingeleitet durch verschiedene Mitarbeiter
- häufige Besprechungen wechselnder Mitarbeitergruppen, um kurzfristige Schwierigkeiten zu überwinden
- Nachforschen verschiedener Mitarbeiter nach:
  - fehlenden Informationen vom Verkauf
  - fehlenden Stücklisten
  - fehlenden Kauf- und Fertigungsteilen

4.2.5 Terminsitzung

Die Terminsitzung wird wie folgt durchgeführt:

- **Einladung**
  - Einführung
  - Zeitpunkt festlegen
  - Teilnehmer festlegen (z. B. Produktionsleiter, Konstruktionsleiter, Elektrokonstruktionsleiter, Vertreter des Vertriebs, ZAL)
- **Festlegung der zu besprechenden Aufträge.**
  Von der ZAL werden die pro Bereich zu besprechenden Aufträge vorgegeben. Der Planungszeitraum wird nach Prüfung der Situation am Bildschirm definiert. Die Fachbereiche sind angehalten, alle Aufträge, aber speziell die von der ZAL vorgegebenen, auf den neuesten Stand zu bringen und bis zum Sitzungstermin im System einzutragen.

- **Terminsitzung**
  Besprochen werden nur die von der ZAL genannten Aufträge. Ausgenommen sind aktuelle Themen, die sich kurzfristig ergeben. Als Diskussionsthemen dienen die von den Fachabteilungen eingegebenen Termine und die Probleme, die daraus entstehen wie z. B.:
  - fehlende Information
  - Fehlteile
  - technische Schwierigkeiten
  - Kapazitätsengpässe

  Bezüglich der rechtzeitig erkannten Probleme werden schon in der Terminsitzung entsprechende Maßnahmen eingeleitet, die eine Einhaltung der Termine sicherstellen.

- **Umsetzen des Sitzungsergebnisses**
  Alle Entscheidungen, die in der Terminsitzung gefällt wurden, werden von den Fachbereichen sofort umgesetzt. Neu entstandene Terminsituationen werden von der ZAL sofort bearbeitet und im Planungssystem eingetragen.

Die Vorteile der Terminsitzung können wie folgt zusammengefaßt werden:

- hohe Terminsicherheit durch permanenten Überblick der Abläufe
- aktuelle Informationen bei der Entscheidungsfindung
- Reduzierung der Abstimmungsgespräche
- Gewährleistung der Aktualität der Terminplanung
- Wartezeiten in Fertigung und Montage werden spürbar geringer
- wenig Sonderaktionen für Problemlösungen
- rechtzeitiges Erkennen der Folgen von Änderungswünschen seitens der Kunden
- Erkennen von Informationsmängeln
- Aufzeigen terminkritischer Maschinenbaugruppen oder Teile
- geringe Belastung der Führungskräfte durch Entscheidungsfindung
- geringer Personaleinsatz für die Auftragssteuerung

4.2.6 Organisation der ZAL

Die ZAL muß dem Geschäftsführer direkt zugeordnet werden. Erst dann können die Aufgaben zufriedenstellend gelöst und die Ziele wirkungsvoll durchgesetzt werden. Die ZAL ist bereichsübergreifend für Umsatzkapazität, Rahmentermine, Grobkapazitäten und Prioritäten verantwortlich.

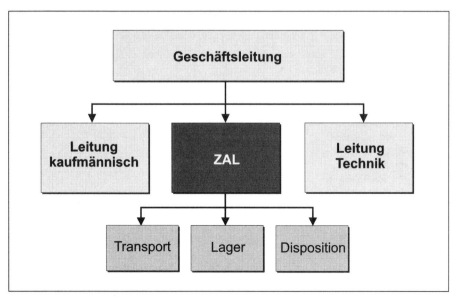

Abbildung 4.10 Eingliederung der ZAL in die Firmenhierarchie

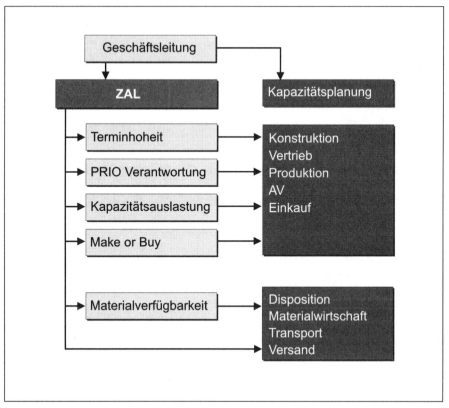

Abbildung 4.11 Verantwortung der ZAL

4.3 Das Qualitätsmanagement

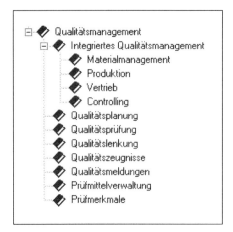

Abbildung 4.12 Geschäftsprozesse des Qualitätsmanagements

4.3.1 Integriertes Qualitätsmanagement

Fortschrittliches Qualitätsmanagement – in der Normenreihe ISO 9000 vorgezeichnet – verlangt, daß QM-Systeme alle Abläufe im Unternehmen wirksam durchdringen. Deshalb sollten Sie ein modernes QM-System nicht als Insellösung implementieren, sondern das System optimal in Ihr betriebswirtschaftliches Gesamtsystem einbinden. Durch die Integration der QM-Prozesse in die Abläufe der Beschaffung, der Produktion und des Vertriebs erreichen Sie eine maximale Effizienz und Transparenz.

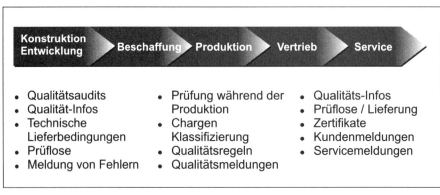

Abbildung 4.13 Integriertes Qualitätsmanagement

Eine **Integration von Qualitäts- und Materialmanagement** eröffnet eine Vielzahl von Möglichkeiten, von denen an dieser Stelle einige genannt werden sollen:

- Verwaltung von Qualitätsinformationen zu Materialien, Lieferanten und Herstellern
- Zulassung der Lieferanten und Hersteller; Überwachung ihrer QM-Systeme
- Verwaltung des Freigabestatus von Lieferbeziehungen, z.B. für Erstmuster- oder Serienlieferungen
- Lieferantenbewertung aus Qualitätssicht anhand von Kennzahlen aus Audits, Eingangsprüfungen und Probemeldungen
- Übermittlung von Qualitätsdokumenten, z.B. technischen Lieferbedingungen, bei Anfragen und Bestellungen
- Anforderung von Qualitätszeugnissen und Überwachung des Zeugniseingangs
- Auslösung von Abnahmeprüfungen beim Lieferanten rechtzeitig vor dem Liefertermin
- Prüfung bei Warenbewegungen, z.B. beim Wareneingang
- Zahlungssperre bis zur Annahme der Prüflose
- Verwaltung von Beständen, die sich in der Prüfung befinden, und Berücksichtigung der Prüflose in der Disposition
- Überführung von Prüfergebnissen in Chargenmerkmalswerte

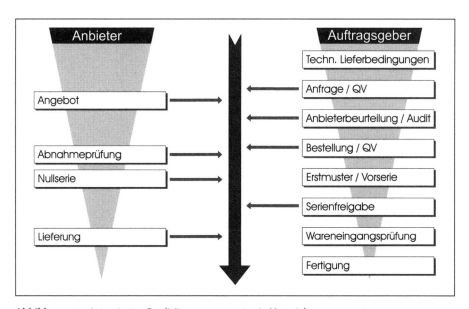

Abbildung 4.14 Integriertes Qualitätsmanagement mit Materialmanagement

- Chargenfindung anhand von Merkmalswerten, die aus Qualitätsprüfungen stammen
- Überwachung von Chargen bezüglich des Verfalldatums und der Termine für wiederkehrende Prüfungen
- Problemmanagement mit Hilfe von Qualitätsmeldungen; Abwicklung von Mängelrügen gegenüber Lieferanten

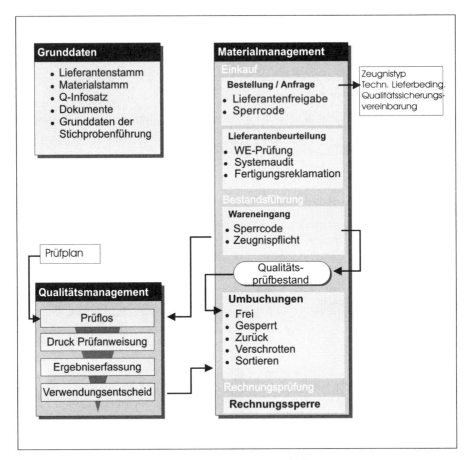

Abbildung 4.15 Integriertes Qualitätsmanagement mit Beschaffung

Auch im Zusammenhang mit der **Integration von Qualitätsmanagment und Produktion** tun sich vielfältige Einsatzmöglichkeiten auf, von denen einige im folgenden aufgelistet sind:

- Integration von Prüfplanung und Arbeitsplanung; Prüfmerkmale und Einstellmerkmale zu Arbeitsvorgängen
- Qualitätsprüfungen zu Produktionsaufträgen

- Zwischenprüfungen zu frei definierten Prüfpunkten während der Produktion; Endprüfung beim Wareneingang aus der Produktion
- Verwaltung von Teillosen mit unterschiedlicher Qualität während der Produktion; Zuordnung der Teillose zu Chargen
- gemeinsame Rückmeldungen von Qualitäts- und Mengeninformationen zu Produktionsaufträgen
- Überwachung der Fertigungsqualität mit Hilfe von Regelkarten und Ermittlung von Prozeßfähigkeitskennzahlen
- Problemmanagement mit Hilfe von Qualitätsmeldungen und Abwicklung von Korrekturmaßnahmen

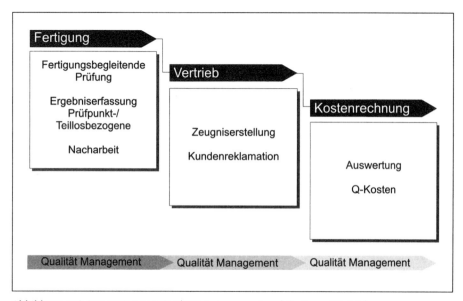

Abbildung 4.16 Integration von Qualitätsmanagement und Fertigung/Vertrieb

Auch **in Verbindung mit dem Vertrieb** fallen dem Qualitätsmanagement einige Aufgaben zu:

- Verwaltung kundenbezogener Qualitätsinformationen
- Prüfungen im Versand bei der Erstellung von Lieferungen
- Ausstellung von Qualitätszeugnissen (Zertifikaten) zur Lieferung
- Problemmanagement im Vertrieb mit Hilfe von Qualitätsmeldungen und Abwicklung von Kundenreklamationen

Im Rahmen der **Integration von Qualitätsmanagement und Controlling** ergibt sich:

▶ Abrechnung von Prüf- und Fehlerkosten

Das organisierte Qualitätsmanagement ermöglicht ein frühzeitiges Erkennen von Fehlerquellen und hilft dabei, sie möglichst schnell abzustellen, was eine erhebliche Reduzierung von Beanstandungen mit sich bringt. Es kommt dadurch ebenfalls zu einer Erhöhung der Produktivität, die dem Unternehmen zusammen mit der Minimierung der Qualitätskosten einen Preisspielraum beschert, es flexibler und damit konkurrenzfähiger macht. Diese gesteigerte Konkurrenzfähigkeit trägt positiv zur Sicherung des Marktanteils bei, wenn sie ihn nicht sogar steigert.

4.3.2 Qualitätsplanung

In der Qualitätsplanung als Gesamtheit aller qualitätsbezogenen Planungen werden langfristig gültige Informationen und Abläufe in Form von Stammdaten festgelegt. Zu seinen Aufgaben gehört die Verwaltung der Grunddaten für die Qualitätsplanung und Prüfplanung sowie das Aufstellen der Prüfplanung selbst.

4.3.3 Qualitätsprüfung

Die Qualitätsprüfung trifft zunächst die Auswahl eines Prüfplans und führt auf dessen Basis die Prüfabwicklung durch. Sie übernimmt die Stichprobenberechnung und sorgt für den Druck der Arbeitspapiere für Probennahme und Prüfung.

Prüfergebnisse werden in Form von Merkmalswerten, Fehlerdaten und Texten an die zuständigen Stellen weitergegeben. Die ermittelten Prüfdaten beeinflussen den Verwendungsentscheid, finden in Bestandsbuchungen ihren Niederschlag und lösen Folgeaktionen aus. Es erfolgt eine Anbindung an den Business Workflow.

4.3.4 Qualitätslenkung

Die Qualitätslenkung bestimmt Stichproben, die sich an der Qualitätslage orientieren. Sie sorgt für eine losweise oder merkmalsweise Dynamisierung (skip lot und ship to stock) und ermittelt Qualitätskennzahlen für Prüflose. Sie ermöglicht eine Prozeßlenkung aufgrund von statistischen Werten, erstellt Regelkarten und ermittelt Fähigkeitskennzahlen. Die Kennzahlen aus Prüflosen, Prüfergebnissen und Qualitätsmeldungen werden von ihr in das Qualitätsinformationssystem übernommen. Ein flexibles Berichtswesen, das mit Hilfe von anwenderspezifischen Reports arbeitet, verschafft jederzeit einen aktuellen Einblick in den Stand der Dinge.

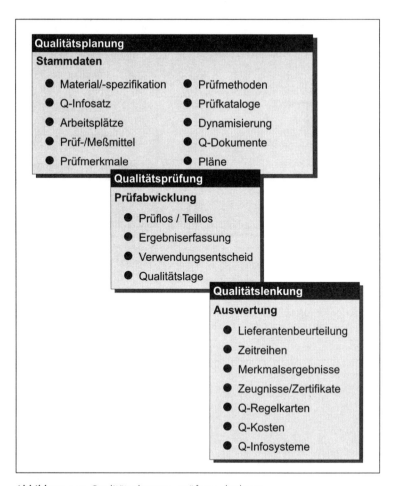

Abbildung 4.17 Qualitätsplanung, -prüfung, -lenkung

4.3.5 Qualitätszeugnisse zu Prüflos, Charge oder Lieferposition

Hier wird eine flexible Gestaltung von Zeugnisvorlagen möglich, die ihrerseits automatisch gefunden, ausgefüllt und an das zum Material bzw. zum Zeugnisempfänger passende Übertragungsmedium (Drucker, Telefax) übermittelt werden. Nach der Erstellung und dem Versand werden die Zeugnisse archiviert.

4.3.6 Qualitätsmeldungen bezüglich interner und externer Probleme

Neben der Aufzeichnung der Sachverhalte und einer Problemanalyse findet die Bearbeitung von Korrekturmaßnahmen mit Reaktionsüberwachung und Workflow-Anbindung der zuständigen Bearbeiter statt. Dabei werden die Originalbelege erfaßt.

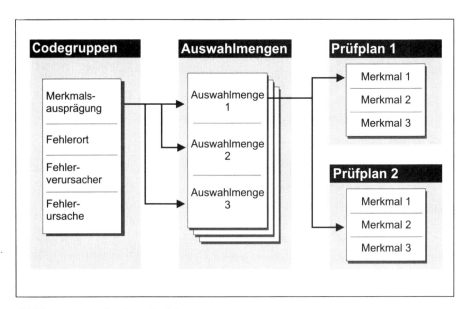

Abbildung 4.18 Prüfkatalog – Prüfplan

4.3.7 Prüfmittelverwaltung

Sie stellt die Kalibrierplanung der zu überprüfenden Prüfmittel auf und führt anschließend die Kalibrierprüfung der Prüfmittel durch. In Abhängigkeit vom Prüfergebnis wird der Verwendungsentscheid getroffen, der die entsprechenden Folgeaktionen nach sich zieht.

4.3.8 Prüfmerkmale – Methodenkatalog

- Prüfmerkmale (was zu prüfen ist)
    - Gültigkeitsstand
    - Beschreibung der Merkmale mit Langtext, mehrsprachig
    - Sortfeld mit Matchcode
    - Steuerkennzeichen quantitativ, qualitativ
    - Merkmalsgewicht
    - Toleranzgrenzen
    - Kataloge
    - Prüfqualifikation
    - Klassifizierung
    - Dynamisierung
    - Prüfmethodenverzeichnis
- Prüfmethoden (wie zu prüfen ist)
    - Zuordnung zum Prüfmerkmal
    - Gültigkeitsstand
    - Methodenbeschreibung mit Langtext, mehrsprachig
    - Sortfeld mit Matchcode
    - Qualifikation der Prüfer
    - Klassifizierung
- **Prüfkatalog**

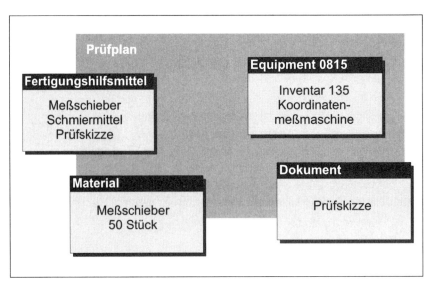

Abbildung 4.20 Prüf- und Meßmittel

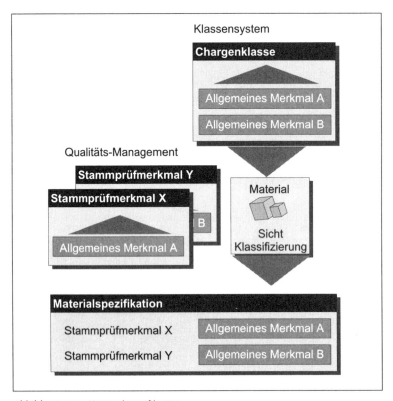

Abbildung 4.21 Materialspezifikation

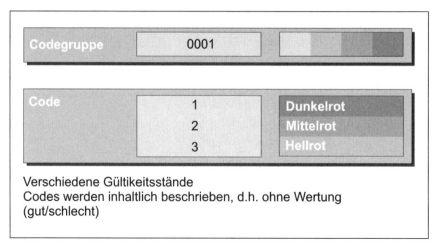

Abbildung 4.22 Prüfkatalog Codegruppen

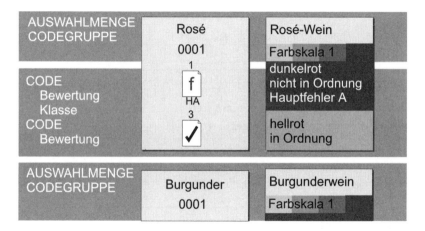

Abbildung 4.23 Prüfkatalog Auswahlmenge

4.3.9 Checklisten

☑ Checkliste zur Integration des Qualitätsmanagements mit Materialmanagement, Beschaffung und Fertigung	Kommentar
☐ Einkauf Bestellung/Anfrage	
☐ Nach Zeugnis/technischen Lieferbedingungen und Qualitätssicherungsvereinbarung erfolgt Lieferantenfreigabe	

☑ Checkliste zur Integration des Qualitätsmanagements mit Materialmanagement, Beschaffung und Fertigung	Kommentar
☐ Durch permanente Abstimmungen im Systemaudit und Systemauswertungen über Wareneingangsprüfung und Produktionsreklamation erfolgt Lieferantenbeurteilung	
☐ **Festlegen Qualitätsprüfbestand**	
☐ Über Wareneingang werden die verschiedenen Umbuchungen festgelegt und dementsprechend Bestand geführt	
☐ frei	
☐ gesperrt	
☐ zurück	
☐ verschrotten	
☐ sortieren	
☐ In der Rechnungsprüfung werden nicht freigegebene Produkte automatisch gesperrt	
☐ **Aus dem Qualitätsmanagement kommende Informationen**	
☐ Prüflos	
☐ Druck Prüfanweisungen	
☐ Ergebniserfassung	
☐ Verwendungsentscheid	
☐ **Grunddaten**	
☐ Lieferantenstamm	
☐ Materialstamm	
☐ Q-Infosatz	
☐ Dokumente	
☐ Grunddaten der Stichprobenführung	

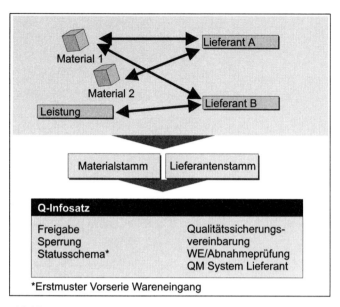

Abbildung 4.24 Qualitätsinfosatz

☑	Checkliste Qualitätsplanung, -prüfung, -lenkung	Kommentar
☐	Materialstamm nach Qualitätsmanagement ergänzen	
☐	Qualitätskennzahlen – Verfahren festlegen	
☐	Stammprüfmerkmale festlegen	
☐	Qualitätsregelkanten und Prozeßlenkung erarbeiten	
☐	Prüfmethoden festlegen	
☐	Prüfkatalog festlegen	
☐	Prüfmittel führen	
☐	Prüfablauf festlegen	
☐	Prüflosbearbeitung festlegen	
☐	Verwendungsentscheid festlegen	
☐	Qualitätsmeldungen über Workflow festlegen	
☐	Zeugnisse und Zertifikate festlegen	

5 Die Geschäftsprozesse des Personalmanagements

Abbildung 5.1 Geschäftsprozesse des Personalmanagements

5.1 Personalplanung und Organisationsmanagement

Das Organisationsmanagement der Personalwirtschaft richtet sich konsequent an der Organisation der Geschäftsprozesse des Unternehmens aus. Da im Maschinen- und Anlagenbau besonders komplexe und umfangreiche organische Strukturen abzubilden sind, hat das Organisationsmanagement für eine größtmögliche Transparenz zu sorgen. Strukturelle Veränderungen und Reengineeringprozesse werden in verschiedenen Planungsszenarien abgebildet und simuliert. Die langfristige Gestaltung der Ablauf- und Aufbauorganisation wird dadurch gesichert.

Die Planungsfunktionen für die Organisationseinheiten, Stellen, Positionen, Aufgaben und Berichtshierarchien werden in der **Organisationsmatrix** festgelegt. Der Aufbau muß derart gestaltet werden, daß ein Hinzufügen und Ändern von Positionen und Personen einfach erfolgen kann.

Erstellen Sie zuerst einen **Aufgabenkatalog** aller Geschäftsprozesse Ihres Unternehmens. Danach ist es möglich, aussagefähige und vergleichbare Stellenbeschreibungen durchzuführen. Der Aufgabenkatalog der Geschäftsprozesse und das festgelegte Organisationsmodell sind zentrale Komponenten für die Steuerung und **Koordination der Personalplanung und -entwicklung**. Sie können die Anforderungen an die Positionen mit den Qualifikationen der Mitarbeiter vergleichen, Qualifikationsdefizite feststellen und entsprechend Aus- und Weiterbildungsmaßnahmen anstoßen.

Fehlende Funktionen Ihres Organisationsmodells sollten mit allen Detailinformationen für den Besetzungsprozeß zusammengestellt und für die Personalbeschaffung bereitgestellt werden

Durch das Organisationsmanagement ergeben sich folgende Vorteile:

▶ Sicherung der langfristigen Gestaltung der Ablauf- und Aufbauorganisation
▶ Erstellung aussagefähiger und vergleichbarer Stellenbeschreibungen
▶ Anforderungen an die Positionen sind mit den Qualifikationen der Mitarbeiter vergleichbar
▶ Erforderliche Weiterbildungsmaßnahmen werden angestoßen
▶ Fehlende Funktionen werden für die Personalbeschaffung bereitgestellt

5.2 Personalbeschaffung

Steigern Sie mit jeder neuen Personalentscheidung das Ansehen und die Effizienz Ihres Unternehmens. Personalentscheidungen sind Investitionsentscheidungen und wirken sich maßgeblich auf Erfolg und Wettbewerbsfähigkeit Ihres Unternehmens aus. Deshalb brauchen Sie eine effektive Strategie bei der Personalbeschaffung, um die am besten geeigneten Mitarbeiter zu finden und auch einzustellen Sie werden Ihnen dabei helfen, Ihr Unternehmen im globalen Wettbewerb weiter nach vorne zu bringen.

Im Maschinen- und Anlagenbau sind gerade Spezialisten auf dem Gebiet des Engineerings, der Planung, des Vertriebs und des Controllings besonders gefragt und schwer zu finden.

Die Personalbeschaffung bezieht ihre Informationen aus dreierlei Bereichen:

▶ Meldungen aus dem Organisationsmodell über nicht oder nicht ausreichend qualitativ und/oder quantitativ besetzte Stellen im Geschäftsprozeßablauf
▶ Aufgabenkatalog, der über Tätigkeiten und deren Anforderungen Auskunft gibt
▶ Stellenbeschreibungen

Als nicht zu unterschätzendes Kriterium muß bei der Ausschreibung der Termin der Wiederbesetzung in Betracht gezogen werden, bleibt doch nur bei Einhaltung desselben eine kontinuierliche Arbeit gewährleistet. Stellen Sie bei der Personalbeschaffung unbedingt neben der fachlichen Qualifikation die Ziele Ihres Unternehmens in den Vordergrund. Bearbeiten Sie die Bewerbungsvorgänge zügig und transparent. Sie sparen dadurch viel Zeit und fördern zudem das Image Ihres Unternehmens bei den Bewerbern.

Schreiben Sie Ihre offenen Stellen zusätzlich im Internet aus. Sie erschließen sich dadurch völlig neue Bewerbergruppen und stärken gleichzeitig die Präsenz Ihres Unternehmens im globalen Datennetz. Nehmen Sie via Internet Bewerbungen entgegen, und räumen Sie den Kandidaten die Möglichkeit ein, sich auf dem gleichen Weg jederzeit mittels eines geschützten Paßwortes über den Stand und die Erfolgsaussichten ihrer Bewerbung zu informieren.

Für die personelle Entscheidung müssen Profilvergleiche zwischen Ihren Anforderungen und den Qualifikationen von Bewerbern durchgeführt werden. Bei mehreren Bewerbern und unterschiedlichen Anforderungen ist es immer sinnvoll, die Profilvergleiche mit Auswertungswerkzeugen durchzuführen, was die Arbeit wesentlich erleichtert und die Vergleiche transparenter gestaltet.

Durch die organisierte Personalbeschaffung profitiert Ihr Unternehmen wie folgt:

- Steigerung des Ansehens und der Effizienz des Unternehmens
- Auswahl und Einstellung des am besten geeigneten Bewerbers für die offene Stelle
- durch Ausschreibungen im Internet Ansprechen neuer Bewerbergruppen und Ausbau der Präsenz Ihres Unternehmens im globalen Datennetz
- transparente Profilvergleiche möglich

5.3 Personalentwicklung

Im Zuge eines zunehmendem nationalen und internationalen Wettbewerbs erhöhen sich auch die Anforderungen an Ihre Mitarbeiter. Der Qualifizierungsbedarf steigt und wird zunehmend differenzierter. Wissen und Qualifikationen müssen heute schneller als je zuvor aktualisiert und erweitert werden. Auf der Basis Ihrer Personalentwicklungsstrategie werden vorhandene Potentiale von Mitarbeitern besser erkannt, sind dadurch gezielter zu fördern und effektiver einzusetzen. Sie erleichtern damit Ihre personelle Entscheidungen und fördern die Umsetzung konkreter Entwicklungsmaßnahmen. Erfolg und Wachstum Ihres Unternehmens sind eng verknüpft mit den Fähigkeiten und Kenntnissen Ihrer Mitarbeiter. Weiterbildung stärkt diese Qualifikationen. Sie ist deshalb eine Investition in erfolgreiche Zukunftsbewältigung.

Eine **ganzheitliche Personalentwicklung** hilft Ihnen dabei , Ihre Personalentwicklungsmaßnahmen gezielt an den Unternehmenszielen auszurichten und dabei die Interessen der Mitarbeiter mit einzubringen. Bei der Planung und Realisierung von Weiterbildungsmaßnahmen sollten Sie ein Veranstaltungsmanagement benutzen. Damit machen Sie es sowohl internen als auch externen Anbietern von Qualifizierungsmaßnahmen leichter, sich der Herausforderung gewachsen zu zeigen, neue Bildungsbedürfnisse just-in-time in effektive und effiziente Bildungsmaßnahmen umzusetzen.

Ihre Personalentwicklung vermittelt Ihnen ein detailliertes Abbild der geforderten und vorhandenen Qualifikationen in Ihrem Unternehmen. Beliebige Fach-, Methoden- und Sozialkompetenzen können in einem **Qualifikationskatalog** abgebildet sowie Positionen und Mitarbeitern in Ihrem Unternehmen zugeordnet werden. Die Verknüpfung der Qualifikationen mit beliebigen Ausprägungsskalen versetzt Sie darüber hinaus in die Lage, Anforderungen und Qualifikationen zu bewerten und miteinander zu vergleichen. Die Ausprägungen zeitlich befristeter Qualifikationen oder Qualifikationen mit Verfallsdatum werden dynamisch berechnet und ermöglichen so eine realistische Beurteilung der Fähigkeiten eines Mitarbeiters.

Durch **Berücksichtigung individueller Entwicklungswünsche** und Interessen Ihrer Mitarbeiter steigern Sie deren Motivation und Leistungsbereitschaft. Ihre Personalentwicklung verschafft Ihnen den dafür notwendigen Überblick, indem sie bestehende Qualifikationen und Potentiale von Mitarbeiter sichtbar macht. Notwendiger Weiterbildungsbedarf kann einfach und schnell festgestellt werden. Mit der Personalentwicklung bringen Sie die betriebswirtschaftlichen Ziele Ihres Unternehmens und individuelle Mitarbeiterbedürfnisse in Einklang: Beide Seiten profitieren davon.

Sie können mit einer **Laufbahn- und Nachfolgeplanung** schneller und effizienter auf organisatorische Veränderungen reagieren und den Bedarf an Fach- und Führungskräften gezielter aus den eigenen Reihen decken. Es läßt sich rechtzeiger planen, wie groß der zu erwartende Personalbedarf sein wird und welchen Qualitätsansprüchen die zukünftigen Mitarbeiter genügen sollten. Das Wissen darum mündet in vorausschauendes Handeln. Darüber hinaus tragen die Laufbahn- und Nachfolgeplanung dazu bei, den Mitarbeitern Entwicklungsperspektiven aufzuzeigen und ihre fachliche sowie soziale Kompetenz zu fördern.

Die **Nachfolgeplanung** identifiziert Mitarbeiter, die über notwendige Qualifikationen verfügen, um sowohl fachspezifisch als auch fachübergreifend aktuellen sowie in der nahen Zukunft sich abzeichnende Anforderungen einer zu besetzenden Positionen gerecht zu werden. Sie erhalten detaillierte Informationen über die Eignung von Kandidaten und Vorschläge für konkrete Weiterbildungsmaßnahmen.

Mit der **Laufbahnplanung** verdeutlichen Sie Entwicklungsperspektiven für Ihre Mitarbeiter und bereiten sie auf zukünftige Anforderungen vor. Frei definierbare Laufbahnen dienen dabei als Planungswerkzeuge und zeigen sowohl Mitarbeitern als auch Bewerbern mögliche Entwicklungswege bei entsprechender Eignung und Leistung auf.

Mit einfach zu erstellenden und zu verwaltenden **Personalentwicklungsplänen** können sowohl kurzfristige Entwicklungsmaßnahmen als auch Langzeitausbildungen detailliert geplant werden. Das System muß die Entwicklung von Ausbildungsplänen für Auszubildende und Trainees übernehmen und begleitet alle Ausbildungsaktivitäten mit komfortablen Funktionen für die Koordination und Überwachung von Maßnahmen, Ressourcen und Zeiten.

Ein **integriertes Beurteilungssystem** ist ein wichtiges Instrument für eine umfassende Personalentwicklung. Auf der Basis individuell zu definierender Kriterien muß eine geplante und formalisierte Beurteilung von Mitarbeitern stattfinden. Standardisierte und einheitliche Bewertungsfunktionen gewährleisten dabei eine größtmögliche Objektivität bei der Ergebnisermittlung: Sie können das Beurteilunssystem somit effektiv für Ihre jährliche Personalbeurteilung, für die Entgeltdifferenzierung oder gezielt bei der Personalauswahl einsetzen.

Es lassen sich folgende Nutzen aus der Personalentwicklung zusammenfassen:

▶ Vorhandene Potentiale von Mitarbeitern werden besser erkannt, können gezielter gefördert und effektiver eingesetzt werden.

▶ Personalentwicklungsmaßnahmen werden gezielt an den Unternehmenszielen ausgerichtet. Die Mitarbeiter können dabei ihre Interessen einbringen.

▶ Die Motivations- und Leistungssteigerung wird durch gezielte Personalentwicklung gefördert.

5.4 Vergütungsmanagement

Entwickeln Sie die Vergütungspolitik zu einem von Ihnen bewußt gestalteten Führungsinstrument. Damit grenzen Sie sich von den Wettbewerbern ab und schaffen sich gleichzeitig ein hohes Maß an Flexibilität, Kontrolle und Wirtschaftlichkeit. Das Vergütungsmanagement ist das leistungsstarke Werkzeug dazu. Feste und variable Vergütungsbestandteile lassen sich damit sinnvoll kombinieren, um zukunftsweisende Entgeltsysteme für motivierte Mitarbeiter zu planen und ins Werk zu setzen. Die Vergütung ist heute einer der wichtigsten Faktoren, um die besten Mitarbeiter zu gewinnen und zu binden. Eine an Ihren Unternehmenszielen orientierte Entgeltstrategie bildet dafür die Voraussetzung.

Flexible **Total-Compensation-Strategien** bereiten einem neuen Denken in diesem wichtigen Bereich der Personalwirtschaft den Weg. Sie führen zu (markt-)gerechter Entlohnung individueller Mitarbeiterleistungen, fördern den Leistungswillen und binden Mitarbeiter und deren Know-how enger an Ihr Unternehmen.

Planen Sie Ihr **Personalbudget** mit den leistungsfähigen Werkzeugen des Vergütungsmanagements. Durch die Integration in das Organisationsmanagement können Sie auf einfache Weise Budgets mit Organisationseinheiten verknüpfen, die in ihrer Gesamtheit die Aufbauorganisation Ihres Unternehmens widerspiegeln. Ob Sie im Rahmen eines Gesamtbudgets oder in einer sehr viel feineren Budgethierarchie entlang der Organisationsstruktur planen wollen, bleibt dabei Ihnen mit Ihren individuellen Anforderungen überlassen. Das System muß ein- oder mehrstufige Planungsprozesse nicht nur problemlos abbilden können, sondern bringt sie auch in grafischer Form auf den Bildschirm.

Steuern und verwalten Sie Ihre **individuelle Entgeltpolitik** flexibel und zuverlässig. Entsprechende Anwendungen bereiten Ihnen dazu den Weg. Sie beziehen die verschiedenen Vergütungspläne mit ihren entsprechenden Richtlinien, Zuverlässigkeitskriterien und Kalkulationsregeln ein und wenden sie automatisch an. Die Definition von Vergütungsrichtlinien und deren Anwendung wird umfassend unterstützt. Inhalte der Vergütungsplanung können dabei sowohl pauschale als auch individuelle Gehaltsveränderungen sein. Die Vergütungsstruktur kompletter Organisationseinheiten oder die Vergütungsbestandteile einzelner Mitarbeiter bestimmen Sie ganz nach Ihren Vorstellungen. Dabei sollen die in Ihrem Regelwerk festgelegten Vergütungsbestandteile jederzeit manuell überschrieben werden können.

Kontrollmechanismen müssen während des gesamten Planungsprozesses sicherstellen, daß Sie über Unstimmigkeiten oder Budgetüberschreitungen sofort informiert werden. Über verschiedene analytische Stellenbewertungen gilt es, die richtige Einstufung der Positionen in Ihrem Unternehmen zu finden. Vergleichen Sie unter Zuhilfenahme externer Marktdaten, ob die in ihrem Unternehmen gezahlten Gehälter mit denen anderer Unternehmen konkurrieren können und die von den Mitarbeitern erwarteten Leistungen dort entsprechend sind.

Das Vergütungsmanagement bringt Ihrem Unternehmen folgende Vorteile:

- Gewinnung der besten Mitarbeiter
- Langfristige Bindung der Mitarbeiter
- Förderung des Leistungswillens

5.5 Personalzeitwirtschaft

Nutzen Sie die vielfältigen Möglichkeiten, die Ihnen die Personalwirtschaft bei der Verwaltung und Auswertung von Zeitdaten eröffnet. Sie entlasten dadurch sowohl Zeitbeauftragte, Einsatzplaner als auch Meister von vielen Routineaufgaben und können die Daten und Ergebnisse für vielfältige Geschäftsprozesse verwenden:

- Die ausgewerteten Arbeitszeiten dienen als Grundlage für die Ermittlung des Bruttolohnes.
- Im Controlling werden die Daten zum verursachungsgerechten Verrechnen von Leistungen und Kosten verwendet. Dies bringt gerade für die umfangreichen Geschäftsvorgänge im Maschinen- und Anlagenbau enorme Zeitersparnisse.
- Informationen über An- und Abwesenheit der Mitarbeiter sind einfach zu gewinnen.
- Die Verwaltung beim Einsatz von externen Mitarbeitern und die Kontrolle der dabei erbrachten Dienstleistungen gestaltet sich erheblich weniger aufwendig.

Mit innovativen Werkzeugen und Funktionen erhöhen die Anwendungen die Effektivität ihrer **Personaleinsatzplanung**. Gerade im Maschinen- und Anlagenbau, der ja von einem hohen Personalaufwand bei Serviceeinsätzen gekennzeichnet ist, erweist sich eine flexible Personaleinsatzplanung als besonders wichtig.

Die Definition des **Personalbedarfs** erfolgt so flexibel, daß Sie schnell und zielgerichtet auf betriebsspezifische Situationen reagieren können. Die Einsätze Ihrer Mitarbeiter sollten ganztägig, übertägig oder auch minutengenau planbar sein. Alle planungsrelevanten Daten (z.B. Zeiten bzw. Arbeitszeitwünsche der Mitarbeiter oder auch Abwesenheiten) sollten Ihnen jederzeit als Entscheidungshilfe zur Verfügung stehen. Eventuelle Verstöße gegen Arbeitszeitgesetze gilt es durch eine Auswertung der geplanten Eingaben zu vermeiden. Die Personaleinsatzplanung ermöglicht die Zusammenstellung von Einsatzteams und bildet problemlos damit verbundene eventuelle Kostenstellenwechsel ab. Der aktuelle Stand der Planung ist zu jedem Zeitpunkt transparent, so daß Sie sofort auf Über- oder Unterdeckungen reagieren können. In der Einsatzplanung erfaßte Zeitinformationen müssen in der Personalzeitwirtschaft zentral verwaltet und dort weiterverarbeitet werden können.

Die gängigen Methoden der **Zeiterfassung** im Maschinen- und Anlagenbau sind die folgenden:

- Eingabe der Zeitdaten im Dialog durch Zeitbeauftragte
- Self-Service-Anwendung, mit denen die Mitarbeiter die Daten selbst pflegen

- Erfassen von Zeitdaten über Arbeitszeitblatt
- Einsatz von vorgelagerten Zeiterfassungssystemen zur Buchung von Komm- und Gehzeiten, Dienstgängen und An-/Abwesenheitsgründen
- Protokollierung der Arbeitszeiten
- Bewertung der Personalzeiten
- Auswerten der Lohnarten für Stundenlohn, Mehrarbeiten und Zuschläge
- Mitarbeiterzeitkonten
- Grenzwerte für maximale Arbeitszeiten, Mindestpausen und Ruhetage

In der Personalzeitwirtschaft erreicht man folgenden Nutzen für das Unternehmen:

- Entlastung von Zeitbeauftragten, Einsatzplanern und Meister von vielen Routineaufgaben
- Weiterverwendung von Daten und Ergebnissen in vielfältigen Geschäftsprozessen
- Effiziente Nutzung der Daten
- Optimale Gestaltung der Geschäftsprozesse
- Planung der Personaleinsätze
- Erfassung und Auswertung der Personalzeiten

5.6 Personalabrechnung

Alle gesetzlichen und tariflichen Bestimmungen müssen ebenso fester Bestandteil der Personalabrechnung sein wie eine akkurate Berücksichtigung jeglicher Änderungen. Daten aus anderen personalwirtschaftlichen Komponenten sollten automatisch in die Abrechnung einfließen. So stellen Personaladministration, Zeitwirtschaft und Leistungslohn z. B. Daten für die Brutto-/Nettoabrechnung bereit. Dabei müssen die Zeitdaten während des Abrechnungslaufes mit den Regeln bewertet werden, die Sie individuell für Ihr Unternehmen aufgestellt haben. Grunddaten für die Berechnung von Akkord- und Prämienlöhnen können direkt aus der Fertigungssteuerung übernommen werden.

Alle Systemfunktionen sollten darauf ausgelegt sein, Ihre Personalabrechnung so effizient und sicher wie möglich zu gestalten. Fehlerhafte Daten müssen erkannt, Fehlerquellen lokalisiert und protokolliert werden. Fehlende Stamm- oder Zeitdaten können auf diese Weise problemlos hinzugefügt , fehlerhafte jederzeit korrigiert werden.

Die Personalabrechnung nützt dem Unternehmen folgendermaßen:

▶ schnelle und sichere Abrechnung unter Berücksichtigung aller gesetzlicher Bestimmungen
▶ automatische Brutto-/Nettoabrechnung
▶ Übernahme der Akkord- und Prämienlöhne direkt aus der Fertigungssteuerung

5.7 Checkliste

☑ Checkliste Personalmanagement	Kommentar
☐ **Organisationsmanagement**	
☐ Modellieren der Aufbauorganisation	
☐ Aufgabenkatalog erstellen	
☐ Koordination Personalplanung und Entwicklung	
☐ **Personalbeschaffung**	
☐ Meldungen aus dem Organisationsmodell	
☐ Stellenbeschreibung	
☐ Wiederbesetzungstermine	
☐ **Personalentwicklung**	
☐ Festlegen ganzheitlicher Personalentwicklung	
☐ Potentiale erkennen	
☐ Qualifikation und Anforderung festlegen	
☐ Motivation und Entwicklungswünsche festhalten	
☐ Laufbahn- und Nachfolgeplanung	
☐ Personalentwicklungspläne	
☐ Beurteilungssysteme	
☐ **Vergütungsmanagement**	
☐ Total-Compensation-Strategie festlegen	
☐ Entgeltpolitik festlegen und steuern	
☐ **Personalzeitwirtschaft**	
☐ Personaleinsätze planen	

☑ Checkliste Personalmanagement	Kommentar
☐ Personalzeiten erfassen und auswerten	
☐ **Personalabrechnung**	
☐ Personaladministration	
☐ Zeitwirtschaft	
☐ Leistungslohn	

6 Die Geschäftsprozesse des Kundenmanagements

Abbildung 6.1 Übersicht über die Geschäftsprozesse des Kundenmanagements

6.1 Marketing

Das Marketing legt die Werkzeuge und Methoden fest, mit deren Hilfe Marktstrategien des Maschinen- und Anlagenbauers durchgesetzt werden sollen. Als Basis müssen Segmentanalysen, Marktanalysen, Marktforschung und Mitbewerberbeurteilungen permanent erarbeitet und dem Informationssystem zur Verfügung gestellt werden. Produkt- und Marketingmanager können mit Hilfe dieser Analyseinstrumente Zielmärkte identifizieren und die Wirkung von Vermarktungsinstrumenten auswerten. Das Marketing integriert konsolidierte Daten und liefert dadurch ein klares Bild von Marktanteilen und Positionen.

6.1.1 Marktanalyse

Das Marketing forscht gemeinsam mit dem Produktmanagement nach Marktsegmenten und Zielmärkten für die vom Unternehmen produzierten Maschinen und Anlagen. Nach der **Ermittlung des Bedarfs** am Markt und der Gegenüberstellung von **Mitbewerberanalysen** werden Prognoserechnungen für den zukünftigen Markt festgelegt. Von den Prognoserechnungen abgeleitet ermittelt das Produktions- und Planungssystem Ergänzungen bei der Erstellung des Produktplanes für Standardkomponenten. Die systematische Pflege der Daten von Wettbewerbern und ihren Produkten ist eine entscheidende Voraussetzung zur Erschließung neuer Märkte. Namen der Wettbewerberfirmen, Adressen, die Brancheneinteilung, der Umsatz, die wirtschaftliche Entwicklung, die Namen der wichtigsten Mitarbeiter, ein Marketingprofil und Texte zu Wettbewerbsaktivitäten müssen geführt werden.

6.1.2 Kunden- und Interessentenverwaltung

Der Vertrieb ist bei der Erfüllung seiner Aufgaben auf die Unterstützung seitens des Marketings angewiesen, sei es nun durch eine vereinfachte und automatisierte Kundenbetreuung, sei es durch die Pflege der Kundendatei, die jederzeit einen aktuellen Überblick über die laufenden Aktivitäten gewährt. Neben den unterschiedlichsten ausführlichen Adressen, den Namen von Kontaktpersonen müssen alle Besuche, Anfragen, Aufträge, Servicevereinbarungen sorgfältig von den betroffenen Abteilungen geführt werden, ist doch nur so eine intensive Pflege von Kundenbeziehungen möglich.

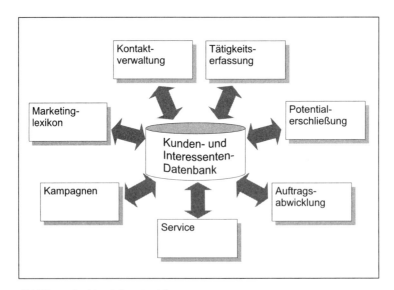

Abbildung 6.2 Vertriebsunterstützung

Die Kunden- und Interessentenverwaltung dient als Schlüsselfunktion zur optimalen Verwaltung der in Unternehmen vorliegenden Informationen. Hier greifen die Anwender auf unternehmensinterne Kundeninformationen einschließlich Einflußfaktoren, Distributoren, Kunden und Partnern zu. Detaillierte und aktuelle Kundenprofile müssen in übersichtlicher Form gepflegt werden. Die einzelnen Komponenten sind:

- **Kontaktverwaltung**
  Dabei handelt es sich um ein Nachschlagewerk, das Informationen bezüglich externer, interner und privater Kontakte enthält. Ausführliche Informationen im Rahmen des Tagesgeschäfts der Außendienstmitarbeiter müssen hier erfaßt werden.

- **Tätigkeitserfassung**
  Sie unterstützt den Vertrieb bei der Planung von Terminen mit Kunden und Interessenten.

- **Potentialerschließung**
  Sie dient der Erfassung sämtlicher Möglichkeiten, aus denen sich für das Unternehmen neue Geschäfte ergeben könnten. In Zusammenarbeit mit dem Marketing müssen hier alle Pläne und Aktivitäten abgestimmt und durchgeführt werden.

Das Marketing sollte alle Informationen für ein erfolgreiches Servicemanagement liefern, wird doch erst dann ein effizienter Kundenservice möglich. Alle relevanten Servicedaten müssen vom Marketing aufbereitet und zur Verfügung gestellt werden. Insbesondere die folgenden Daten sind dabei von Belang:

- **Kundenstammdaten**
  Diese Daten enthalten kundenbezogene Informationen wie z.B. Ansprechpartner, Auftragshistorie und die gesamten technischen Objekte des Kunden.

- **Equipmentstammdaten**
  Aus den Equipmentstammdaten können Informationen über z.B. den technischen Platz, die Servicehistorie aber auch Angaben darüber enthalten, ob die die Wartung oder die Reparatur einer bestimmten Maschine oder Anlage durch einen Servicevertrag abgedeckt ist.

- **Vertragsdaten**
  Sie enthalten Informationen über bestehende Serviceverträge wie z.B. Konfigurationen, Gültigkeitsdauer und zusätzliche Konditionen.

Das organisierte Marketing bringt Ihrem Betrieb einen vielfältigen **Nutzen**. Die Analyse der Zielmärkte und der Mitbewerber und die Ermittlung der Profile der benötigten Lieferanten macht Ihr Unternehmen zu einem zielgerichteten Ganzen. Die angestrebten Ziele können dabei mit Hilfe des Marketings fundiert begründet werden. Die Marktanalyse erschließt Marktsegmente für Ihr Produkt, hilft Ihr Unternehmen zu positionieren und die Marktanteile zu ermitteln. Die aufgestellten

Prognoserechnungen treffen Aussagen über den zu erwartenden Erfolg einer angestrebten Strategie. Das Marketing nimmt damit Einfluß auf die Programmplanung und schützt uns bestmöglich vor unliebsamen Überraschungen.

6.2 Vertrieb

Abbildung 6.3 Geschäftsprozesse des Vertriebs

6.2.1 Planung und Steuerung des Außendienstes

Die vom Marketing gepflegte Kunden- und Interessentendatenbank bildet die Grundlage der Planung und Steuerung des Außendienstes. Der Vertriebsaußendienst erhält aus der Datenbank alle für ihn relevanten Daten. So wird er mit den kompletten Adressen inklusive den Ansprechpartnern und deren Profilen für alle Bereiche versorgt. Die Bereiche selbst werden mit Organigrammen visualisiert, aus denen die dazugehörigen Funktionen und Entscheidungsfaktoren hervorgehen. Zielmärkte werden vom Marketing definiert und dem Außendienst zur Bearbeitung vorgegeben. Marktpotential wird durch das Marketing ermittelt und dem Vertriebsaußendienst zur Verfügung gestellt.

Der Vertriebsaußendienst baut jetzt die Kontaktverwaltung aus, indem er die Daten aller Kontakte zu jedem einzelnen Kunden und dessen Mitarbeitern sammelt und führt. Alle Vorgänge müssen kalendarisch erfaßt werden. Ziele und Unterziele, die mit dem jeweiligen Kunden erreicht werden sollen, werden festgelegt.

6.2.2 Angebotsabwicklung

Durch Direktzugriff auf bereits vorhandenes Wissen können Angebote rasch und sicher durchgeführt werden, technische Details sind schnell klärbar und eine Kalkulation kann sicher durchgeführt werden. Analyse und Abgleich von Kapazitäten und Terminen garantieren eine sichere Bestimmung des voraussichtlichen Liefertermins und die Bereitstellung von hinreichend qualifiziertem Personal. Kunden- und Vertreterinfos, die zum Direktzugriff bereit liegen, gewährleisten eine reibungslose Kommunikation kaufmännischer Details. Die Produktaufbereitung wird konfigurierbar und strukturierbar. Sie wird dadurch änderungsfreundlich und ist leicht zu überwachen.

Die Abbildung 6.4 zeigt die Geschäftsprozesse der Angebotsabwicklung und die daran angrenzenden Bereiche.

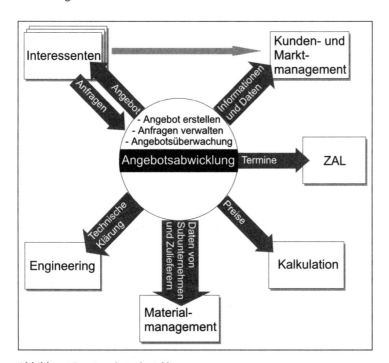

Abbildung 6.4 Angebotsabwicklung

Anfrageeingang

Bei Eingang einer Anfrage werden zunächst alle Daten mit der Kunden- und Interessentendatenbank verglichen. Werden Interessenten als neu erkannt, müssen dessen Daten wie Firmenname, Adresse, Ansprechpartner usw. zunächst erfaßt werden. Das gilt auch für Angaben bezüglich des von ihm angefragten Produkts. Daten wie gewünschte Produktmerkmale und Wunschliefertermine können in Form eines Lastenheftes strukturiert erfaßt werden und dienen als Basis für ein möglicherweise zu erstellendes Angebot. Schließlich kann die Anfrage nach verschiedenen Kriterien klassifiziert werden. Hierzu gehören beispielsweise die Wichtigkeit des Kunden, die Dringlichkeit in bezug auf Wunschliefertermine sowie eine erste Aufwandabschätzung.

Anfragen verwalten

Alle Anfragen müssen im System verwaltet werden. Dabei gilt es, durchgängige Informationen zu berücksichtigen, die Auskunft darüber geben, über welchen Kontakt die Anfrage zustande kam oder welche Vertriebs- und/oder Marktschiene für den Kontakt verantwortlich zeichnet. Des weiteren müssen alle Daten kaufmännischer und technischer Art festgehalten werden. Termine für Besuche, Genehmigungen und Abgabe müssen auf automatische Wiedervorlage gebracht, eventuelle Mitbewerber müssen erkannt und ihr Verhalten muß analysiert werden.

Angebotsspezifikation

Auf der Grundlage des Produktdesigns werden kundenspezifisch erste Engineering-Leistungen erbracht. Zunächst wird eine technische Klassifikation der Systemeinheit vorgenommen. Die technischen Anforderungen werden in Form von Datenblättern und Spezifikationen festgehalten und dienen der weiteren Ausgestaltung und Verfeinerung des Liefer- und Leistungsumfanges. Für die Abbildung der funktionalen und räumlichen Produktstruktur stehen eine Reihe von Mitteln zur Verfügung, die während des ganzen Lebenszyklus eines Produkts benötigt werden. Zu nennen wären u.a.:

▶ Technische Plätze
▶ Equipmentstamm
▶ Materialstamm
▶ Dokumente
▶ Strukturstückliste

Angebotsstückliste

Anhand des Beispiels **Transferstraße** entwickeln wir die Angebotsstückliste. Aus dem Archiv entnehmen wir der Maximalstückliste die Stammstückliste des Typs der angefragten Transferstraße (▲ Abbildung 6.6).

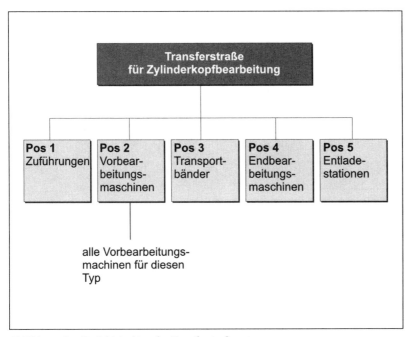

Abbildung 6.5 Projektstruktur der Transferstraße

Zuführung Position 1: Gleiche oder baugleiche Zuführungen werden aus der maximalen Stückliste aufbereitet. Vom Engineering werden kundenspezifische Anpassungen erarbeitet und für Anfragen von Zulieferanten aufbereitet und technisch beschrieben.

Vorbearbeitungsmaschine Position 2: Diese Position haben wir als Standardmaschine mit Variantenprägung festgelegt. Über Merkmale wird die komplette Position ausgewählt (▲ Abbildungen 6.7 und 6.8).

Die Checkliste in Abbildung 6.9 ist symbolisch aufgeführt. Moderne, leicht zu handhabende Produktkonfigurationen ermöglichen über ein exaktes Frage- und Antwortsystem eine sichere Ermittlung des Kundenbedarfs.

Drehtisch	Größe	10	20	30	40
	Oberflächen-Genauigkeit	1/2/3	2/3/4	2/3/4	3/4
Bohrkopf	Anzahl Bohrungen	6	8	10	12
	Oberflächen-Genauigkeit	1/2/3	2/3/4	2/3/4	3/4
	Material	Alu/GGH	Alu/GGH	Alu/GGH	Alu/GGH
Antrieb	Ausbringung	20	25	30	35
	Größe	10/20/30	10/20/30	20/30/40	30/40

Abbildung 6.6 Maximalstückliste

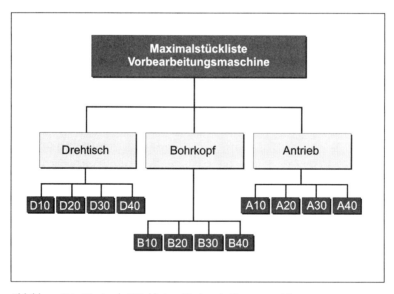

Abbildung 6.7 Maximale Stückliste – Vorbearbeitungsmaschine

Transportband Position 3: Die Breite des Transportbandes wird in unserem Beispiel über den Typ des Werkstückes festgelegt. Die Breiten wurden vorher standardisiert und Teile daraus komplett auf Lager gefertigt. Die Länge des Bandes wird nach der technischen Klärung festgelegt und kann somit eindeutig kalkuliert werden.

Typ: Vorbearbeitungsmaschine				
Baugruppe	Varianten			
Drehtisch	D10	D20	D30	D40
Bohrkopf	B06	B08	B10	B12
Antrieb	A01	A02	A03	A04

Abbildung 6.8 Baugruppenpool – Vorbearbeitungsmaschine

Typ: Vorbearbeitungsmaschine				
Ausführungen	Parameter			
Zylinderkopf Größe	10	20	30	40
Anzahl Bohrungen	6	8	10	12
Material	Alu	GGH		
Oberflächengenauigkeit	1	2	3	4
Ausbringung Stück pro Minute	20	25	30	35

Abbildung 6.9 Checkliste

Endbearbeitungsmaschine Position 4: In unserem Beispiel ist die Endarbeitungsmaschine eine Neuentwicklung. Die oberste Struktur kann jedoch schon festgelegt werden. Das Engineering ist jetzt angehalten, Referenzmodelle aus dem vorhandenen Wissen anzuwenden.

Entladestation Position 5: Die Entladestation ist in zwei Hauptbaugruppen aufgeteilt, nämlich das Entladeband und die Entladeeinheit. Mit dem Entladeband ist wie mit dem Transportband (Pos. 3) zu verfahren, mit der Entladeeinheit wie mit der Zuführung (Pos. 1).

Durch den Aufbau der Angebotsstückliste sind die Grundlagen für folgendes bereits gelegt:

- Angebotsvarianten
- Änderungsversionen
- Kalkulation pro Position
- Terminierung und Grobplanung (Simulation für Liefertermin)
- Produktkonfiguration
- Beschreibung des Gesamtprojekts auf Positionsebene
- Technische Detailklärung

Terminfindung

Bei der Terminfindung wird überprüft, ob der vom Kunden gewünschte Liefertermin aufgrund von Material-, Personal- und Maschinenverfügbarkeit eingehalten werden kann. Die Terminfindung gestaltet sich je nach Anteil der vorgeplanten bzw. vorgefertigten Baugruppen des Produktes. Da bei der Terminierung alle abgegebenen Angebote berücksichtigt, die Realisierungschancen aber nur geschätzt werden können, ist die tatsächliche Umsetzbarkeit des angegebenen Liefertermins im Auftragsfall schwer einzuschätzen, was die Terminfindung in gewissem Maße zu einem Unsicherheitsfaktor macht.

Wird das Produkt lediglich aus lagerhaltigen Baugruppen montiert, kann die Terminfindung über die Wiederbeschaffungszeit der verschiedenen Komponenten und die Montagezeit erfolgen. Für die Montage anfallende Zeitaufwände werden dabei ebenfalls berücksichtigt. Mit steigendem Anteil kundenspezifisch zu fertigender Komponenten kann die Terminfindung nur noch simulativ erfolgen. Zunächst muß ermittelt werden, welche Tätigkeiten mit welcher Tätigkeitsdauer zur Realisierung des technischen Konzeptes notwendig sind. Den Tätigkeiten werden dann die erforderlichen Ressourcen zugewiesen. Eine Terminabgabe kann in solchen Fällen nur über die Zentrale Auftragsleitstelle erfolgen.

Produktkonfiguration zum Angebot

In der eigentlichen Produktkonfiguration wird das erstellte Lastenheft be- und eine technische Lösung erarbeitet. Vom Kunden gewünschte Leistungsmerkmale werden in ein Grundkonzept eingefügt und in Materialanforderungen übersetzt, sofern die gewünschten Merkmale nicht bereits in der Produktspezifikation als mögliche Variante abgebildet sind. Angefragte Produktmerkmale, die nicht über die existierende Variantenbeschreibung abgedeckt sind, werden ergänzend in Form von Textpositionen erfaßt.

In der Phase der Produktkonfiguration kommt dem Rückgriff auf vorhandene Informationen große Bedeutung zu. Die unnötige Konzeption neuer Lösungen, ausgelöst durch fehlende oder unzugängliche Informationen, kann den Erstellungsaufwand der Spezifikation unnötig erhöhen. Auch eigentlich überflüssige Folgetätigkeiten wie die Kalkulation und Dokumentation können unter Umständen ausgelöst werden und verursachen zusätzliche Kosten. Daher müssen früher erstellte ähnliche Angebote und Aufträge für einen schnellen Informationszugriff verfügbar sein. Aus solchen Quellen können auch Bearbeitungs- und Liefertermine extrahiert werden.

Aus der Produktkonfiguration ergeben sich eine Angebotsstückliste und ein angebotsbezogener Arbeitsplan. Der Detaillierungsgrad ist dabei abhängig von der Angebotsart. Angebotsspezifische Stücklisten und Arbeitspläne sind angebotsspezifisch zu verwalten und zu versionieren.

Technische Prüfung

Neu zu konstruierende Baugruppen müssen bereits in der Angebotsphase einer technischen Machbarkeitsprüfung durch entsprechend befähigte Mitarbeiter unterzogen werden. Hierbei handelt es sich im wesentlichen um die Prüfung auf die konstruktive und fertigungstechnische Machbarkeit hin. Dabei kann unter Berücksichtigung der eigenen Fertigungsmöglichkeiten bzw. des eigenen Knowhows abgewägt werden, wie wahrscheinlich eine erfolgreiche Abwicklung der Fertigung des angefragten Produktes ist.

Im Anschluß an die technische Prüfung kann der technische Teil des Angebots ausgefertigt werden, der das in der Angebotsspezifikation erstellte Lastenheft referenziert. Die Angebotspositionen werden in einer Kurzübersicht dargestellt. Daraufhin folgen die technische Lösung mit technischen Leistungsdaten, einer detaillierten Beschreibung des Gesamtobjektes und der Einzelkomponenten sowie etwaige Alternativlösungen mit zugehörigen Vorteilsargumenten. Optionen bzw. Zusatzausstattungen können ebenfalls erwähnt werden. Eventuell werden bereits an dieser Stelle Preise in die Übersicht aufgenommen. Des weiteren beinhaltet der technische Angebotsteil auch Informationen über Dienstleistungen wie Montage, Inbetriebnahme, Schulung, Instandhaltung etc. Angebotszeichnungen, technische Datenblätter etc. können ebenfalls beigelegt werden. Nachdem der technische Angebotsteil ausgefertigt wurde, muß dieser noch genehmigt und freigegeben werden.

Angebotskalkulation und Preisfindung

Die Angebotskalkulation wird in Abstimmung mit der Lieferterminplanung vorgenommen. Gegenstand der Kalkulation ist die Ermittlung, Voraussage oder Schätzung der Herstellkosten des Produktes.

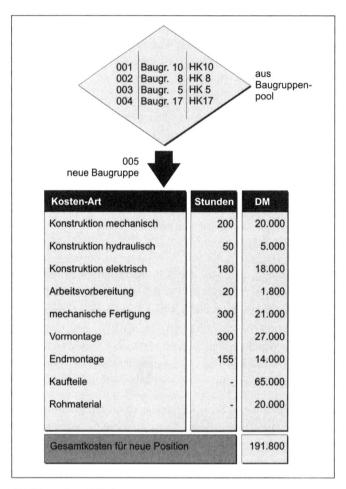

Abbildung 6.10 Kalkulation 1

Die Kalkulation kann auf unterschiedliche Weise durchgeführt werden. Als Informationsquellen können hier existierende Preislisten dienen; bei kundenspezifischen Neu- bzw. Weiterentwicklungen kommen verschiedene Kalkulationsmethoden zum Einsatz. Grundpreise können dabei aus Stücklisten und Arbeitsplänen, insofern sie denn bereits vorhanden sind, entnommen werden. Auch die Durchführung einer Standardkalkulation ist möglich. Für nicht lagerhaltige Positionen können Schätzpreise (aufgrund von Lieferantenangeboten) angenommen werden. An die Kalkulation kann sich eine Erlösplanung anschließen.

Der Angebotspreis wird auf der Basis der Herstellkosten des angebotenen Produktes ermittelt. Daneben gehen auch Faktoren wie die erwartete Preisakzeptanz und die strategische Bedeutung des Kunden, kundenspezifische Preiskonditionen und Wettbewerberpreise in die Kalkulation ein.

Handelt es sich um ein Produkt mit strategischer Bedeutung, wenn es also z. B. zur Durchdringung eines neuen Marktes gebraucht wird oder wenn beim Anfragenden ein größerer Bedarf für das Produkt vorauszusehen ist, kann der Angebotspreis möglicherweise nur über eine Subventionierung realisiert werden. Das anfragende Unternehmen könnte dann als Referenzkunde bzw. das Projekt als Referenzprojekt geführt werden. Über ein solches Angebot wird üblicherweise Stillschweigen vereinbart.

Kaufmännische Prüfung

Vor der Freigabe des Angebotes muß gegebenenfalls eine Exportprüfung durchgeführt werden. Im Rahmen einer Risikoabschätzung wird die Bonität des anfragenden Unternehmens geprüft und gegebenenfalls durch Einholung eines Akkreditivs sichergestellt. Im Fall eines Projektes werden die Projektfinanzierung sowie die Ein- und Auszahlung geplant. Sobald das Angebot genehmigt ist, kann der kaufmännische Teil ausgefertigt werden. Dazu gehört auch das individuelle Begleitschreiben, das den Bezug zur Kundenanfrage herstellt.

Der kaufmännische Angebotsteil beinhaltet die kaufmännisch vertraglichen Bedingungen wie Liefertermin, Zahlungsbedingungen, Gültigkeitsdauer des Angebots, Garantien und Leistungsausschlüsse etc. Der technische Angebotsteil wird dem kaufmännischen hinzugefügt. Das ausgefertigte Angebotsdokument kann noch unter juristischen Gesichtspunkten überprüft und schließlich zum Versand fertiggemacht werden.

Angebotsüberwachung

Nach Abgabe des Angebots werden die Gültigkeitstermine des Angebots verfolgt, der Angebotsstatus wird kontinuierlich gepflegt und die periodische Wiedervorlage während der Gültigkeitsdauer des Angebots organisiert und durchgeführt. Sollten sich an die Angebotsabgabe Vertragsverhandlungen anschließen, so werden diese dokumentiert. Bei Änderungswünschen des Kunden werden neue Angebotsversionen erstellt und verwaltet. Wurden für das Angebot kundenspezifische Lösungen erarbeitet oder wird mit teilweise geringen Margen gearbeitet, kann eine Erfassung der Angebotskosten zum Zweck einer späteren Nachkalkulation sinnvoll sein.

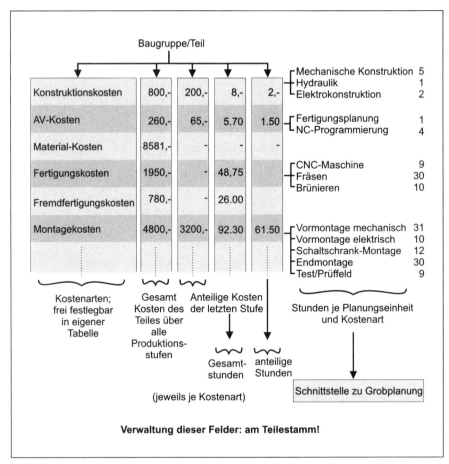

Abbildung 6.11 Kalkulation 2

Angebotsabschluß

Geht während der Angebotsgültigkeit kein Auftrag von Seiten des Kunden ein, muß das Angebot ohne Auftrag abgeschlossen werden. Die Archivierung eines Angebotes kann objekt-, funktions-, kunden- oder artikelbezogen geschehen. Führt das Angebot zu einem Auftrag, wird die Angebotsphase durch den Beginn der Vertragsverhandlungen, die auf den Angaben des Angebots basieren, abgeschlossen.

☑	Checkliste Angebotsabwicklung	Kommentar
☐	Anfragen	
☐	Anfragen erfassen	
☐	Kundenstammdaten anlegen, verwalten	

☑ Checkliste Angebotsabwicklung	Kommentar
☐ Vertreterdaten anlegen, verwalten	
☐ Preislisten anlegen, verwalten	
☐ Anfragen verwalten	
☐ Geschäftspartner	
☐ Marketinginfos	
☐ Kundenstammblatt	
☐ Kontaktarten	
☐ Funktionalität eines Kontaktes	
☐ Mobiles Notebook	
☐ Angebotsversionen verwalten	
☐ Ausgelieferte Aufträge Archiv	
☐ Angebotsspezifikation	
☐ Suchkriterien festlegen für Komponenten aus Archiv (ähnliche Angebote/Aufträge oder Baugruppen)	
☐ Standardmaschinen, -positionen oder -baugruppen ermitteln	
☐ Variantenelemente mit Produktkonfigurator (einrichten Konfigurator)	
☐ Ersatz und Verschleißteile ermitteln und festlegen	
☐ Angebotsstückliste	
☐ Struktur festlegen	
☐ Zuordnen der im Lastenheft festgelegten Elemente der Struktur	
☐ Terminfindung	
☐ **Angebot erstellen**	
☐ Produktkonfiguration zum Angebot	
☐ Einrichten Produktkonfigurator	

☑ Checkliste Angebotsabwicklung	Kommentar
☐ Aufbau von Produktmerkmalen	
☐ Textkonserven techn. Funktionen/Währungen/mehrsprachig	
☐ Technische Prüfung	
☐ Kriterien festlegen zur Prüfung der Machbarkeit neu zu konstruierender Baugruppen oder Einheiten	
☐ Darstellung der Angebotspositionen	
☐ Leistungsdaten prüfen	
☐ Festlegung Dienstleistungen	
☐ Festlegung Zulieferpositionen und in Frage kommende Zulieferfirmen	
☐ Vorkalkulation	
☐ Neuentwicklung Kalkulationsschema	
☐ Produktkonfigurator einrichten	
☐ Preislisten	
☐ Kalkulation Standard aus Stücklisten und Arbeitsplänen	
☐ Kopplung mit CAD für Übernahme von Layouts, Zeichnungen, Werkstück etc. ins Angebot; Beschreibung der zertifizierten Integration	
☐ Angebot Layout	
☐ Angebotsstammdaten	
☐ **Angebotsüberwachung**	
☐ Angebotsversionsverwaltung	
☐ Archivierung	
☐ Objektbezogen	
☐ Funktionsbezogen	
☐ Kundenbezogen	

☑ Checkliste Angebotsabwicklung	Kommentar
☐ Artikelbezogen	
☐ Wiedervorlage	
☐ Kunde	
☐ Termin	
☐ Vertreter	

6.2.3 Kundenauftragsbearbeitung

Die Abbildung 6.12 zeigt die Geschäftsprozesse der Auftragsabwicklung im Vertrieb und die daran angrenzenden Bereiche.

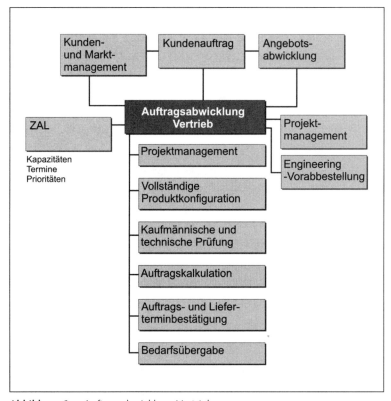

Abbildung 6.12 Auftragsabwicklung Vertrieb

Die organisierte Auftragsabwicklung reduziert den Arbeitsaufwand erheblich, können doch Informationen Daten, Preise, Termine etc. aus dem Angebot übernommen werden. Zudem können etwaige Ergänzungen bei Eingang des Kundenauftrags können einfach und schnell bearbeitet werden. Technische Änderungen werden über die Produktkonfiguration ergänzt, evtl. neue Termine über ZAL ermittelt und festgelegt, und das ohne großen Arbeitsaufwand. Eine Projektplanung mit Projektstruktur und eine Auftragsstückliste kann bereits in dieser Phase erfolgen. Langläufer können vorab bestellt werden, eine Wartezeit während des weiteren Projektverlaufs wird dadurch vermieden. Darüber hinaus gestaltet sich die Bestätigung des Auftrags- und des Liefertermins recht einfach. Überdies kann die Bedarfsübergabe an ZAL, Engineering und Projektmanagement automatisch erfolgen.

Auftragseingangsbearbeitung und Übernahme der Angebotsdaten

Der Auftragseingang und die Auftragseingangsbearbeitung stellen bereits einen Sprung in der Wertschöpfung des Prozesses dar. Bei Auftragseingang kann bereits ein beachtlicher Geldbetrag fällig werden. Zugleich werden bei Auftragseingang eine Reihe von Aktivitäten im Unternehmen angestoßen, die sich von der Angebotserstellung dadurch unterscheiden, daß sie von beiden Seiten, nämlich vom Kunden und vom Anbieter im kaufmännischen Sinne als verbindlich angesehen werden. Die Ausgliederung des Auftragseingangs aus dem Gesamtprozeß als eigenständige Phase betont diesen Zusammenhang und scheint deshalb mehr als gerechtfertigt.

Im vorgestellten Szenario wird davon ausgegangen, daß dem Auftrag ein Angebot zugrunde liegt. In der Angebotsphase entstandene Dokumente und Daten können nach einem Deltaabgleich in den Auftrag übernommen werden bzw. stellen seine Grundlage dar. Bei Auftragseingang müssen allerdings ungenaue bzw. ungefähre Angaben aus dem Angebot durch detaillierte, spezifizierte und genau definierte Angaben ersetzt werden. Dabei werden die wesentlichen Phasen der Angebotsbearbeitung nochmals durchlaufen.

Die Phase des Auftragseingangs endet extern mit der Auftragsbestätigung, die dem Kunden zugeht, und intern mit der permanenten Bedarfsübergabe an die Fertigung und Beschaffung bzw. die Montage.

Die Kundenauftragsbearbeitung beginnt mit der Erfassung des Auftragseinganges. Das Angebot und die während der Angebotsphase erfaßten Daten werden dem Auftrag zugeordnet und auf Abweichungen hin überprüft. Im Zusammenhang mit dem Auftrag vom Kunden zur Verfügung gestellte Dokumente wie Zeichnungen, Pläne etc. müssen dem Auftrag zugeordnet und mit ihm gemeinsam verwaltet werden. Finanzdokumente werden erzeugt und ebenfalls dem Auftrag zugeordnet.

Kaufmännische und technische Prüfung

Auch die kaufmännische Prüfung wird bei Auftragseingang nochmals durchgeführt. Dabei ist zu klären, ob die kaufmännischen Konditionen denjenigen aus dem Angebot entsprechen und, wenn nicht, wo Abweichungen auftreten. Handelt es sich um eine Lieferung ins Ausland, wird die Exportfähigkeit verifiziert, etwaige Zahlungsrisiken werden eingeschätzt und gegebenenfalls durch eine der üblichen Absicherungen minimiert.

Werden der Auftrag und die Fertigung als Projekt abgewickelt, muß die Projektfinanzierung sichergestellt, bei anfallender Fremdbeschaffung müssen die daraus resultierenden Forderungen abgesichert werden. Bei Vereinbarung von Teilzahlungen werden Ein- und Auszahlungen geplant. Sind alle Punkte abgearbeitet und verifiziert, erfolgt die Genehmigung des Auftrags zur Abwicklung. Auch der technischen Machbarkeitsprüfung liegt ein Deltaabgleich mit dem Angebot zugrunde. Produktteile, die sich von denen im Angebot spezifizierten unterscheiden, werden ebenfalls auf ihre Machbarkeit hin überprüft.

Diejenigen Angebotspositionen, die bisher nur grob spezifiziert wurden und deshalb nicht auf ihre technische Realisierbarkeit hin überprüft werden konnten, werden nun detailliert beschrieben, die bisher fehlenden technischen Lösungen werden erarbeitet und einer Prüfung auf Machbarkeit hin unterzogen. Des weiteren werden Ersatz- und Verschleißteile ermittelt. Die technische Prüfung schließt mit der internen Freigabe des Auftrages und seiner technischen Genehmigung ab.

Auftragskalkulation und Preisfindung

Haben sich im Auftrag gegenüber dem Angebot Abweichungen ergeben, wird auch die Auftragskalkulation nochmals mit den aktuellen Parametern durchgeführt und der daraus resultierende Erlös auftragsspezifisch geplant. Dabei werden die gleichen Methoden wie in der Angebotserstellung verwendet. Zahlungsmodalitäten werden festgelegt und Vorkehrungen zum Ausweisen des Projektergebnisses getroffen.

Der aus der Auftragskalkulation und den kundenspezifischen Konditionen resultierende Auftragspreis wird mit dem Angebotspreis verglichen, und mögliche Abweichungen werden dokumentiert. Analog zum Angebotsfall wird auch hier der Auftragspreis auf der Basis von Auftragskalkulation und strategischen Überlegungen des Unternehmens festgelegt.

Auftrags- und Liefertermibestätigung

Zur Bestimmung des Liefertermins werden Daten aus der Materialverfügbarkeitsprüfung, der Kapazitätsplanung und der Terminierung benötigt. Einzelne Projektphasen wie auch das Gesamtprojekt können über einen Netzplan terminiert werden. Eine sich anschließende Abstimmung der sich ergebenden Termine mit dem Kunden ist unabdingbar.

Die Verfügbarkeit von Ressourcen wie Maschinen, Materialien und Personen beeinflußt den Liefertermin direkt und muß daher überprüft bzw. geplant werden. Hier besteht eine Verzahnung mit der Auftragskalkulation, da z. B. Mehrkosten aufgrund von Überstunden, die durch eine enge Terminplanung bedingt sind, sich direkt auf die Herstellungskosten niederschlagen. Schließlich gilt es, den Liefertermin festzulegen und ihn dem Kunden mitzuteilen.

Mit der Auftragsbestätigung werden Ein- und Auszahlungen geplant, die Zahlungsmodalitäten werden vereinbart. Das vollständige Dokument wird zur Kenntnisnahme an den Kunden sowie auszugsweise an die intern betroffenen Fachabteilungen weitergeleitet. Eventuell anfallende Provisionen werden abgewickelt und der Auftrag mit dem Status **Eröffnet** versehen. Bei der Abwicklung kapitalintensiver Projekte kann bei Auftragseingang bereits die Aufforderung zu einer ersten Zahlung erfolgen.

Wird der Auftrag als Projekt abgewickelt, wird das Projektteam mit der Auftragseröffnung offiziell bestätigt.

Bedarfsübergabe

Mit der Bedarfsübergabe wird für Projekte die Vorabbeschaffung von Langläufern angestoßen. Für Aufträge mit geringen oder keinen kundenindividuellen Änderungen am Produkt erfolgen die Bedarfsermittlung und der nachfolgende Anstoß zur Beschaffung direkt aus dem Auftrag heraus. Darauf gehen wir in den Kapiteln, die sich mit den verschiedenen Planungsszenarien wie Bedarfsplanung und Disposition befassen, noch näher ein.

☒ Checkliste Auftragsabwicklung	Kommentar
☐ **Auftrag erfassen**	
☐ Kopfdaten anlegen	
☐ Angebotsversionen überprüfen aus Archiv	
☐ Umwandlung Angebot in Auftrag/Status ändern	

☑ Checkliste Auftragsabwicklung	Kommentar
☐ Auftrag bestätigen	
☐ Dokument erstellen	
☐ Text mehrsprachig	
☐ Preise (Währungen)	
☐ Länderversionen	
☐ Layout und Struktur	
☐ Vertragsrecht	
☐ Dokument an Kunde	
☐ Dokument intern (Workflow)	
☐ Provisionsabwicklung	
☐ Zahlungsvereinbarung (Meilensteine)	

6.3 Projektmanagement und Auftragscontrolling

Das organisierte Projektmanagement macht eine Budgetierung der einzelnen Arbeitspakete pro Projekt möglich. Es informiert jederzeit über die aktuellen Projektergebnisse und erlaubt ein durchgängiges Projektcontrolling. Zudem stellt es eine Projektfortschrittsanalyse und eine Ergebnisermittlung zur Verfügung, die sich über das ganze Projekt erstreckt und in einer Bereitstellung der Nachkalkulation und der Analyse der Istabweichungen mündet.

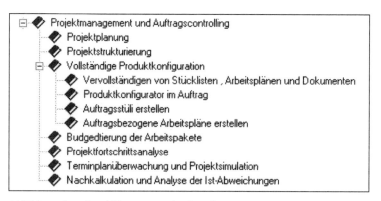

Abbildung 6.13 Geschäftsprozesse des Projektmanagements

Projektplanung

Das Projektmanagement umfaßt die Planung, Steuerung und Kontrolle **eines** Projektes sowie insbesondere die Koordination seiner verschiedenen Aufgabenbereiche. Der Fokus liegt dabei auf der Terminkontrolle, der Kostenkontrolle und dem Cashmanagement. Zur Wahrnehmung dieser Funktionen muß das Projektmanagement ständig die vorhandenen Kapazitäten, die gesetzten Termine und verfügbaren Materialien mit der Zentralen Auftragsleitstelle abstimmen.

Projektstrukturierung

Im Verlauf der Auftragsabwicklung werden die verschiedenen Arbeitspakete definiert und strukturiert, und ihre Abarbeitung wird zur Ermittlung des Projektfortschrittes kontinuierlich verfolgt und überwacht.

Vollständige Produktkonfiguration

Bei Auftragseingang wird das Produkt nochmals konfiguriert bzw. auf Unterschiede zwischen der Spezifikation im Auftrag und derjenigen im Angebot hin untersucht. Dazu werden die Leistungsmerkmale aus dem Angebot erstellten Lastenheft übernommen und gegebenfalls angepaßt. Kundenindividuelle, ergänzende Angaben zum Produkt, die in Form von Textpositionen erfaßt wurden, werden spezifiziert, sofern sie nicht schon durch existierende Varianten abgedeckt sind. Die aus dem Lastenheft resultierende Auftragsstückliste sowie der zugehörige Arbeitsplan werden erstellt.

Budgetierung der Arbeitspakete und Projektcontrolling

Die Budgetierung der Arbeitspakete und das Projektcontrolling sind weitere wichtige Aspekte des Projektmanagements. Das Projektergebnis muß ermittelt und abgerechnet werden, zum Projektabschluß werden Plan- und Istkosten auf miteinander verglichen.

Im Rahmen des Auftragscontrollings werden vielfältige Aufgaben wahrgenommen. Diese stehen im engen Zusammenhang mit den Aufgaben des Projektmanagements, wobei das Auftragscontrolling auf die Daten zurückgreift, die ihm vom Projektmanagement zur Verfügung gestellt werden.

Projektfortschrittsanalyse und Ergebnisermittlung

Der Auftragsfortschritt ist stets zu analysieren und zu verfolgen. Die Auftrags- und Projektkosten sind, wenn letztere denn entstehen, kontinuierlich zu überwachen. Das gleiche gilt für Termine und Budgets. Das Auftragscontrolling kann sich hierbei der Prozeßkostenrechnung bedienen, um eine vororganisierte und funktionsübergreifende Sicht der Abläufe im Unternehmen abzubilden.

Projektbezogene Zuschläge sind zu berechnen und die Gemeinkostenzuschläge dementsprechend abzugleichen. Das Ergebnis ist zu ermitteln und die Ergebniswerte sind abzurechnen.

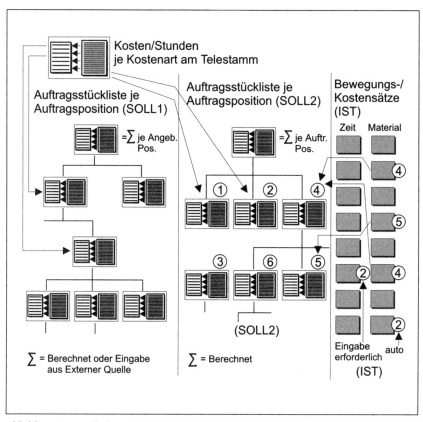

Abbildung 6.14 Kalkulation 3

Terminplanüberwachung und Projektsimulation

Termine werden überwacht, alternative Projektabläufe können erstellt und zur Ermittlung ihrer Auswirkungen simuliert werden. Für projektspezifische Teile werden Lieferumfang und Termine mit der ZAL festgelegt.

Nachkalkulation und Analyse der Istabweichungen

Nach Auftragsabschluß kann eine Nachkalkulation durchgeführt werden. Dabei werden Plan- und Istkosten miteinander verglichen. Sind die Istkosten höher, so werden sie als Mehrkosten, ist es umgekehrt, werden sie als Projekterfolg ausgewiesen.

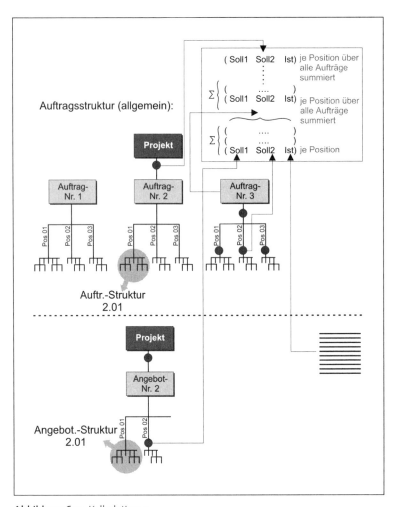

Abbildung 6.15 Kalkulation 4

6.4 Servicemanagement

Ein funktionierendes Servicemanagement ist Voraussetzung für eine schnelle und auch kommerziell erfolgreiche Ersatzteilabwicklung und für eine sichere, dabei aber preiswerte Durchführung von Umbauaufträgen. Das organisierte Servicemanagement ist damit ein Garant für zufriedene Kunden, ohne die es kein Unternehmen zur Marktführerschaft bringen könnte. Dieser Effekt wird noch unterstützt durch eine effiziente Monteureinsatzplanung, die schnell und richtig auf die gestellten Anforderungen reagiert. Zugleich gewährleistet es einen schnellen und sicheren Nachweis über den Einsatz der Mitarbeiter, evtl. deren Mehrleistung oder Feiertagsarbeit. Auch das benötigte Material und die Hilfsmittel bleiben dabei nicht unberücksichtigt.

Innerbetrieblich ergeben sich Vorteile aus der integrierten Rechnungsstellung, der integrierten Lohn- und Gehaltsabrechnung und aus dem integrierten Managementinformationssystem, das ein schnelles Erkennen von Schwachstellen am Produkt sicherstellt. Serviceverträge und Wartungspläne, die dem Kunden Gewißheit über die zu erwartenden Leistungen verschaffen, runden das positive Bild ab. So hinterläßt ein funktionierendes Servicemanagement einen rundum zufriedenen Kunden, dem das Unternehmen positiv in Erinnerung bleibt, und nichts anderes ist ja unser Ziel, wollen wir es zur Marktführerschaft bringen.

Abbildung 6.16 Geschäftsprozesse des Servicemanagements

6.4.1 Auftragsabschluß

Die Phase des Auftragsabschlusses beginnt mit der endgültigen Montage des Produktes beim Kunden und endet mit der Archivierung der während der Auftragsabwicklung erzeugten Unterlagen.

Die Montage wird durch Personal des Herstellers und evtl. unter Einbeziehung von Fremdressourcen durchgeführt. Rechtzeitig vor Inbetriebnahme muß das Personal des Kunden geschult, der dabei entstandene Aufwand fakturiert werden. Die Endabnahme wird unter Beachtung gesetzlicher Prüfvorschriften durchgeführt. Dabei festgestellte Mängel müssen in einem Mängelbericht festgehalten und beseitigt werden. Die technische Dokumentation wird einen Stand gebracht, der dem Zustand des Produktes bei der Endabnahme entspricht, und anschließend abgeschlossen.

Zum Zeitpunkt des Auftragsabschlusses beim Auftragnehmer fallen nach der Endabnahme noch weitere Aktivitäten zur Erledigung an. Sämtliche Unterlagen sind müssen archiviert, Rückstellungen, offene Bestellungen und Auftragsbestände aufgelöst werden.Wurden die Arbeiten projektmäßig durchgeführt, dann können die dabei gewonnenen Erfahrungen in Standardprojektstrukturen übernommen werden. Fremdbeschaffte Komponenten, die erst zur endgültigen Montage benötigt werden, können natürlich per Strekkenbestellung direkt zum Kunden geliefert werden, man beachte dabei aber, daß sie als Wareneingang zum Auftrag verrechnet werden müssen. Die Montage ist zu steuern, wobei auch hier gegebenenfalls gesetzliche Prüfvorschriften beachtet werden müssen und Absprachen mit Behörden zu treffen sind. Wenn für die Montage Fremdressourcen in Anspruch genommen werden sollen, so sollten diese rechtzeitig beigestellt werden.

Als von größtem Nutzen erweist sich, daß sowohl der Zeitpunkt der Bezahlung als auch der für die Archivierung und die endgültige Dokumentation eindeutig festgelegt ist. Die Grenze zwischen Auftragsabschluß und Gewährleistung ist eindeutig und klar gezogen, Zweifel am Zustand des Projektes hinsichtlich der erledigten Arbeiten können demnach erst gar nicht aufkommen.

6.4.2 Gewährleistung

Während der **Gewährleistungsphase** muß der Hersteller die einwandfreie Beschaffenheit und Funktion seines Produktes garantieren. Dementsprechend hat er defekte Teile des Produktes auszutauschen bzw. zu reparieren, sofern eine Fremdeinwirkung ausgeschlossen werden kann. Von dieser Regelung ausgeschlossen sind allerdings Verschleißteile. Bereits mit Beginn der Gewährleistungsphase können Service- und/oder Wartungsverträge abgeschlossen werden.

Im **Gewährleistungsfall** ist der Befund zunächst zu erfassen. Dabei ist zu klären, ob der Mangel in einer fehlerhaften Bedienung seitens des Kunden begründet liegt oder Montage-, Konstruktions-, Planungsfehler etc. auf Seiten des Herstellers dafür verantwortlich zu machen ist. Das defekte Teil muß umgehend repariert oder ausgetauscht werden. Die Reparatur muß in der technischen Dokumentation des Produktes aufgenommen werden.

In **Serviceverträgen** vereinbaren Sie den Inhalt und Umfang der Serviceleistungen, die Sie für den Kunden erbringen. Serviceverträge beschreiben, welche Leistungen für welche Objekte zu welchen Konditionen erbracht werden. So legen Sie beispielsweise fest, welche Kundendienstbarkeit für die angegebenen Objekte durch den Vertrag abgedeckt sind, in welchen Zeiträumen die Arbeiten garantiert ausgeführt werden (Reaktions- und Bereitschaftszeiten), welche Preise für diese Arbeiten gelten, zu welchen Terminen periodisch fakturiert wird oder wie die

Kündigung geregelt ist. Sie als Serviceanbieter verwenden Serviceverträge vorzugsweise:

- zur Anspruchsprüfung bei Serviceanforderungen des Kunden
- für Preisvereinbarungen für Serviceaufträge
- zur regelmäßigen Fakturierung
- zur automatischen Maßnahmenermittlung bei einer Servicemeldung

Wartungspläne benutzen Sie für regelmäßig durchzuführende Serviceleistungen. Mit ihnen bestimmen Sie sowohl den Umfang der fälligen Servicemaßnahmen, als auch deren Fälligkeit. Die Terminierung der Servicemaßnahmen kann entweder zeitabhängig oder zählerabhängig oder eine Kombination aus beidem sein.

Die zeitabhängige Terminierung kann sich auf folgendes beziehen:

- auf feste Termine (z. B. soll eine bestimmte Serviceleistung immer am 15. eines Monats durchgeführt werden)
- auf Kalendereinheiten (z. B. soll eine bestimmte Serviceleistung monatlich oder vierteljährlich durchgeführt werden)

Die zählerabhängige Terminierung bezieht sich dagegen auf Zählerstände wie z. B. auf gefahrene Kilometer, Betriebsstunden oder Anzahl der gefertigten Produkte. Eine Kombination aus Zählern und Zeit können Sie verwenden, wenn eine bestimmte Serviceleistung z. B. nach 100000 Kopien, frühestens oder spätestens aber alle zwei Monate durchgeführt werden soll. Bei regelmäßigen Instandhaltungsmaßnahmen an einem Objekt ist es häufig so, daß bestimmte Tätigkeiten in einem festen Zyklus wie z. B. monatlich durchgeführt werden müssen.

Als von großem Nutzen erweist sich, daß bei einem Abschluß von Gewährleistungsverträgen man mit Sicherheit davon ausgehen kann, daß genau definierte Tätigkeiten bereits ausgeführt sind. Das wiederum erleichtert die Servicevorbereitungen. Service- und Wartungsverträge können auf einer gesicherten Basis abgeschlossen werden. Die Berechtigung eines Gewährleistungsanspruchs läßt sich leicht nachprüfen, weil der Befund leicht zu erfassen, die aufgetretenen Mängel unschwer zu klären sind.

6.4.3 Ersatzteileabwicklung

Ersatz- und Verschleißteile werden schon in der Auftragsstückliste gekennzeichnet. Zumeist ist für die Produkten eine Verschleißdauer angegeben. Somit ist es möglich, diesbezügliche Informationen rechtzeitig, in der Regel vier Wochen vor Ablauf dieser Frist, an den Kunden zu adressieren, so daß er rechtzeitig nachbestellen kann. So vermeidet man lange Wartezeiten, erhält Gelegenheit rechtzeitig zu disponieren, wodurch bei der Beschaffung oder der Fertigung der Teile kein Sonderaufwand anfällt. Die Ersatz- und Verschleißteile können durch eine Schnellerfassung über Vertrieb, Materialwirtschaft, Produktion und Versand normal abgewickelt werden.

6.4.4 Umbauabwicklung

Im Maschinen- und Anlagenbau müssen Umbauarbeiten terminlich exakt geplant werden, da häufig komplexe Einrichtungen betroffen sind. Umbauarbeiten müssen wie Sondermaschinen behandelt werden. Die zuvor beschriebenen Geschäftsprozesse der Angebotsabwicklung, Auftragsabwicklung, das Projektmanagement, Engineering, Produktions-, Materialmanagement und Auftragsabschluß kommen auch hier zum Einsatz. Ein hervorragendes Produktdatenmanagementsystem, das die Erfassung und Aufbereitung aller Daten von der Entstehung über die Änderung bis hin zur Inbetriebnahme der Anlage begleitet, ermöglicht eine genaue Bearbeitung der vom Kunden gewünschten Änderungen. Auch für den Umbau ist eine genaueste Dokumentation erforderlich, die in der Projektstruktur festgehalten werden muß.

6.4.5 Monteureinsatzplanung

Die Monteureinsatzplanung berücksichtigt folgende Anforderungen:

▶ Installation und Inbetriebnahme neuer Anlagen

▶ langfristige Planung der Umbauarbeiten

▶ kurzfristige Bearbeitung der Störfälle

▶ Verwaltung der Wartungsaufträge

In der Regel werden Monteure aus dem Service speziell dafür eingeplant, die jedoch in Zeiten höchster Auslastung von Mitarbeitern der Inhouse-Montage und von Fremdpersonal unterstützt werden sollten. Die Monteureinsatzplanung soll folgendes gewährleisten:

▶ Termingerechter Einsatz einer ausreichenden Zahl von Monteuren werden

▶ passende Auswahl der Monteure mit Blick auf den Kunden und die auszuführenden Arbeiten

▶ hinreichende Qualifikation der Monteure (Ausbildung, Sprache usw.)

▶ Bereitstellung der richtigen Werkzeuge und Hilfsmittel

▶ Verfügbarkeitsprüfung des Monteurs, der dem Einsatzort räumlich am nächsten ist

Darüber hinaus ist darauf zu achten, daß die Kapazitäts- und Terminplanung in die Inhousemontage integriert sein muß.

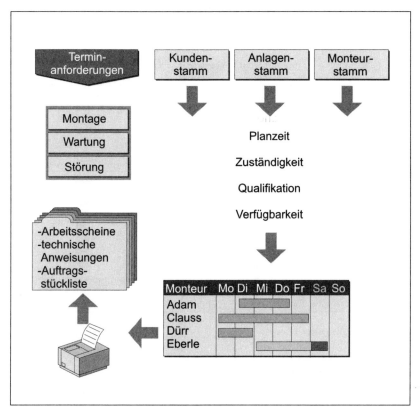

Abbildung 6.17 Monteureinsatzplanung

6.4.6 Monteurabrechnung

Die Montageabrechnung von Arbeiten, die weder von Wartungsaufträgen abgedeckt werden noch unter Garantieleistungen fallen, müssen direkt vor Ort mit dem Auftraggeber abgestimmt werden. Der Tätigkeitsnachweis, die effektiven Arbeits- und Reisezeiten das verwendete Material sollten täglich vor Ort erfaßt und vom Auftraggeber quittiert werden. Eine schnelle und sichere Fakturierung ist dann möglich. Gleichzeitig werden die Daten für die Entlohnung der Monteure aufbereitet und dem Personalmanagement zur Verfügung gestellt. Über den Fehlerschlüssel Behebungscode werden Störfälle erfaßt und für das Engineering und Qualitätsmanagement aufbereitet, was eine schnelle Bearbeitung und Behebung oft auftretender Fehler ermöglicht.

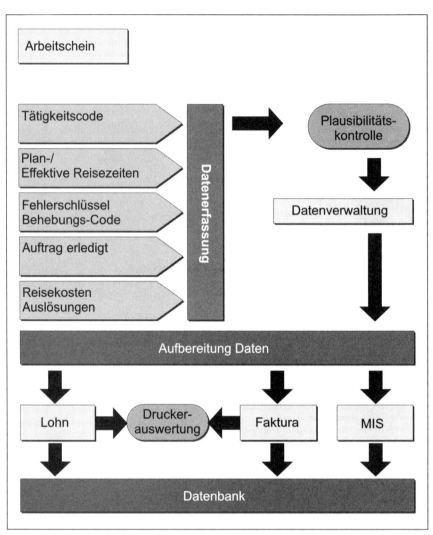

Abbildung 6.18 Monteurabrechnung

6.4.7 Checkliste

☑ Checkliste Servicemanagement	Kommentar
☐ Auftragsabschluß	
☐ Endmontage beim Kunden	
☐ Monteureinsatzplanung	
☐ Montagehilfsmittelplanung	
☐ Vollständigkeitsprüfung des Auftrags	

☑ Checkliste Servicemanagement	Kommentar
☐ Durchführen Endmontage	
☐ Abnahmeabwicklung	
☐ Endabnahme	
☐ Inbetriebnahme	
☐ Schulung der Kunden	
☐ Maschinenbetreiber – Reparaturmonteure	
☐ **Ersatzteileabwicklung**	
☐ Grunddaten aus	
☐ Kundenstamm	
☐ Teilestamm	
☐ Stückliste	
☐ Preisliste	
☐ Verfügbarkeit	
☐ Angebotsabwicklung	
☐ Auftragsabwicklung Schnellerfassung	
☐ Auftragsbestätigung	
☐ Beschaffungsauftrag	
☐ Lagerentnahme	
☐ Versand	
☐ Rechnung	
☐ **Umbauabwicklung**	
☐ Wie Gesamtabwicklung Maschinen- und Anlagenbau	
☐ **Monteur-Einsatzplanung**	
☐ Ort	
☐ Zeit	
☐ Anlage	

☑ Checkliste Servicemanagement	Kommentar
☐ Qualifikation	
☐ Verfügbarkeit	
☐ **Monteurabrechnung**	
☐ Tätigkeit	
☐ Planzeit	
☐ Effektivzeit	
☐ Reisezeit	
☐ Fehlermeldung	
☐ Material	
☐ Auswertungen	
☐ Lohnabrechnung	
☐ Reisekostenabrechnung	
☐ Material	
☐ Fehlermeldung	
☐ **Faktura/Abrechnung/Analyse**	
☐ Fakturierung	
☐ Abrechnung	
☐ Ermitteln von Auftrag und Vertragsrentabilität	
☐ Faktura	
☐ **Controlling**	
☐ Controlling Auftrag	
☐ Controlling Vertrag	
☐ Controlling Projekt	
☐ **Serviceverträge**	
☐ Verwendung	
☐ Anspruchsprüfung bei Serviceanforderungen	
☐ Preisvereinbarungen	

☑ Checkliste Servicemanagement	Kommentar
☐ Regelmäßige Fakturierung	
☐ Automatische Maßnahmenermittlung bei Servicemeldungen	
☐ **Wartungspläne**	
☐ Zeitabhängige Terminierung	
☐ Feste Termine	
☐ Kalendereinheiten	
☐ Zählerabhängige Terminierung	

7 Die Geschäftsprozesse des technischen Managements

```
Technisches Management
   Bedarfsplanung
   Freigabesteuerung
   Bedarfsübergabe
   Engineering
   Produktionsmanagement
   Materialmanagement
   Vorabnahme
   Versand
```

Abbildung 7.1 Geschäftsprozesse des technische Managements

Bedarfsplanung

Im Rahmen der Bedarfsplanung bzw. der MRP (Material- und Ressourcenplanung) werden extern beschaffte und intern gefertigte Baugruppen und Komponenten gegen die auftragsneutrale Vorplanung abgeglichen. Dies kann sowohl über eine Netchange-Planung als auch als über eine Kundeneinzelplanung geschehen.

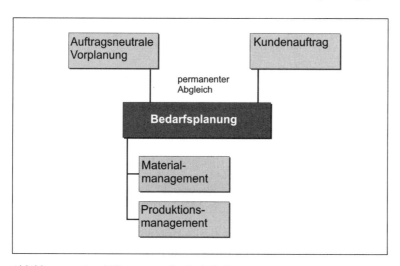

Abbildung 7.2 Geschäftsprozesse der Bedarfsplanung

Freigabesteuerung

Die ZAL steuert in Zusammenhang mit dem Engineering die Freigabe einzelner Baugruppen und Komponenten zur Beschaffung. Damit bleibt die zentrale Überwachung des Auftragsfortschrittes, auch aus qualitativer Sicht, gewährleistet.

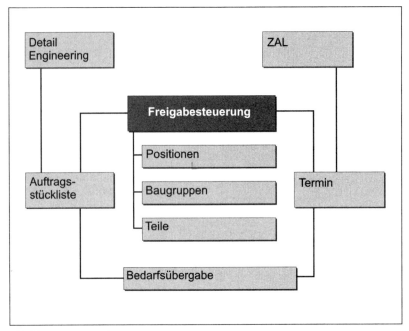

Abbildung 7.3 Freigabesteuerung

Die **permanente Bedarfsübergabe** an die Beschaffung erfolgt nach Anpassung der Auftragsstückliste und des Auftragsplanes an die Ergebnisse des Engineerings.

Die organisierte Bedarfsplanung ist zugleich Wächter und Garant eines kontinuierlichen Arbeitsfortschritts, erkennt sie doch am ehesten die entstehenden Bedarfe. Sie ist demnach dazu prädestiniert, auf diese Bedarfe auch zu reagieren, indem sie dieselben erfüllt.

7.1 Engineering

Die Abbildung 7.4 zeigt die Geschäftsprozesse des Engineerings und die daran angrenzenden Bereiche.

Im Verlauf des Detail-Engineerings werden die im Lastenheft definierten Kundenwünsche nach Fachgebieten getrennt konstruktiv umgesetzt und für die Fertigung vorbereitet bzw. für die Beschaffung spezifiziert. In dieser Engineeringphase fällt der größte Aufwand an Ingenieurs- und Konstruktionsstunden an. Auftragsstücklisten und Auftragsplan sind entsprechend zu pflegen bzw. nachzuarbeiten. Nachdem die Umsetzung der Spezifikation abgeschlossen wurde, kann der Montageplan erstellt werden. Parallel dazu muß die Montagedokumentation bereitgestellt und die Montage bzw. Inbetriebnahme im Detail geplant werden. Kundenbeistellteile, Ersatz- und Verschleißteile werden ebenfalls im Detail-Engineering definiert. Gleichzeitig wird mit der Erstellung der Systemdokumentation begonnen.

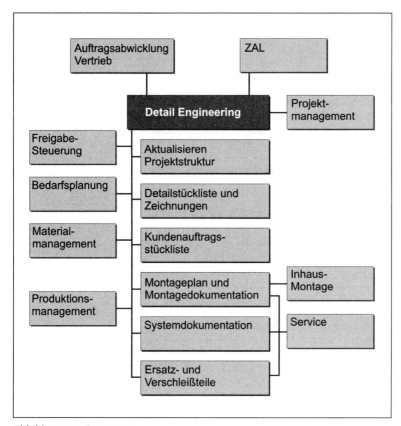

Abbildung 7.4 Engineering

Das organisierte Engineering stellt sicher, daß Kundenanfragen gesichert, bearbeitet und technisch geprüft sowie Angebotsstrukturen entsprechend überarbeitet werden können. Aus Kundenaufträgen werden Kundenauftragssücklisten extrahiert, aus denen Langläufer erkennbar werden, deren Vorabbestellung dadurch möglich wird. Die Stückliste und Zeichnungen werden in einem CAD-System erstellt, anschließend an das Gesamtsystem übergeben und stehen dort bereichsübergreifend zur Verfügung.

☑ Checkliste Engineering	Kommentar
☐ **Anfrage bearbeiten**	
☐ Kundenanfrage sichten	
☐ Werkstück	
☐ Layout Hallenplanung	
☐ Technische Anfrage	

☑ Checkliste Engineering	Kommentar
☐ Termin	
☐ Qualität	
☐ Übernahme von Kundenzeichnungen in CAD-System	
☐ Angebot technisch prüfen	
☐ Vorhand. Maschinen/Positionen/Baugruppen/Teile aus Archiv	
☐ Standardmaschinen auswählen nach Typenkatalog	
☐ Variantenelemente mit Produktkonfigurator ermitteln	
☐ Ersatz- und Verschleißteile ermitteln	
☐ Neue Komponenten technische Machbarkeit ermitteln	
☐ Angebotsstruktur überarbeiten nach den Gesichtspunkten:	
☐ Kalkulation vor/nach	
☐ Planung und Steuerung – Termine – Kapazitäten – Versand/Transport – Außenmontage	
☐ **Auftragsbearbeitung**	
☐ Spezifikation der gesamten Anlage	
☐ Layout (Aufstellplan anfertigen)	
☐ Technische Elemente mit Angebot prüfen: Werkstück – Ausbringung – Qualität – Umfang	
☐ Kundenauftragsstückliste erstellen	
☐ Strukturen festlegen, verschiedene Sichten festlegen	
☐ Baugruppen-Stückliste festlegen	

☑ Checkliste Engineering	Kommentar
☐ Vorabbestellung	
☐ Alle Langläufer ermitteln und im System eingeben	
☐ Zeichnungen erstellen im System	
☐ Verknüpfen mit ERP-System	
☐ Datenübergabe an ERP-System	
☐ Stücklistenauflösung	
☐ **Konstruktionsänderung abstimmen mit Produktdatenmanagement**	
☐ Änderungsgründe	
☐ Kundenaufträge	
☐ Konstruktionsänderungen	
☐ Lieferant kann nicht liefern	
☐ Fertigung kann nicht produzieren	
☐ Projektänderung	
☐ Beschrieben in den Ablaufbildern: Datenübernahme – Projektversion – Erstellen von Projektversionen – Simulationsprozeß – Funktionen – Projektversionen – Reporting	
☐ Konstruktionsänderungen	
☐ Auftragsänderungen	
☐ **Grunddaten**	
☐ Teilestamm	
☐ Anlegen/Verwalten/Ändern	
☐ Mußfelder definieren	
☐ Status festlegen	
☐ Teileklassifikation	
☐ Make or buy festlegen	
☐ Ersatz- und Verschleißteile	

☑ Checkliste Engineering	Kommentar
☐ Dispokennzeichen	
☐ Stücklisten	
☐ Teile aus Teilestamm	
☐ Textbausteine mehrsprachig	
☐ Rohmaterial mit Fertig- und Rohmaßangaben	
☐ Gewichtsangaben	
☐ Personaldaten: Erstellen – Ändern – Verantworten	
☐ Zusatztexte Kopf	
☐ Zusatztexte Position	
☐ Positionen ohne Teilenummer	
☐ Konstruktions-/Fertigungsstückliste	
☐ Variantenstückliste	
☐ Gesamt-Anlage-Stückliste	
☐ Neutrale Standard-Stückliste	
☐ Freigabestatus	
☐ Kopiermöglichkeit	
☐ Verwalten von Komponenten	
☐ Ausdruck	
☐ Suchfunktionen	
☐ Baukasten-Struktur-Mengenübersicht	
☐ Mengenübersicht-Teileverwendung	
☐ Bestellungen	
☐ Reporting	
☐ Abfrage	
☐ Verwendungsnachweis	
Ersatzteileset	

7.2 Produktionsmanagement

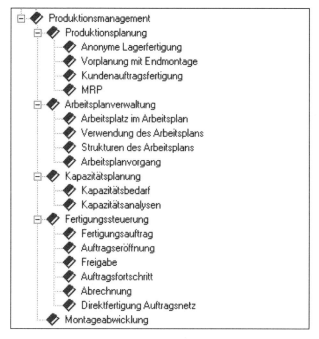

Abbildung 7.5 Geschäftsprozesse des Produktionsmanagements

7.2.1 Produktionsplanung

Zunächst muß man für Teile, Baugruppen, Komponenten und Typ-Reihen jeweils eine Planungsstrategie wählen, die festschreibt, wie produziert bzw. beschafft werden soll. Die Wahl einer angemessenen Strategie setzt allerdings ein hohes Maß an detaillierten Kenntnissen voraus.

Unter den Begriff **Anonyme Lagerfertigung** faßt man Materialien, die keinen Bezug zu Kundenaufträgen zeigen. Stückzahl und Termine werden aus verschiedenen Analysen und Wirtschaftlichkeitsberechnungen ermittelt. Im allgemeinen wird diese Strategie bei Serienfertigung angewandt, im besonderen Fall des Maschinen- und Anlagenbaus wird sie immer dann bei Standardkomponenten verfolgt, wenn Produktstrategie und Marktanalyse in die Planungsstrategie einfließen. Aus den Ergebnissen der Analysen können dann Baugruppen und Lose gebildet werden.

Besonders beachtet werden muß bei dieser Strategie, daß bei Kundenaufträgen mit Standardkomponenten die Teile jeweils zum Fertigstellungstermin auch verfügbar sind.

Innerhalb der Produktionsplanung ergeben sich folgende Vorteile:

- Die Anonyme Lagerfertigung erlaubt die Produktion von wirtschaftlichen Losgrößen.
- Durch eine Vorplanung mit Endmontage können die Komponenten direkt auf der Netzplanebene Montage geplant werden, was die Durchlaufzeiten erheblich minimiert.
- Bei der Vorplanung von teilkonfigurierten Typen können alle Komponenten im Durchlaufprozeß direkt vom konfigurierten Kundenauftrag gesteuert werden. Dadurch können möglichst viele gleiche Komponenten oder Teile zusammengefaßt werden, wodurch wiederum wirtschaftliche Losgrößen entstehen. Die Durchlaufzeiten werden verkürzt.
- Bei einer Kundenauftragsfertigung besteht die Möglichkeit, alle Komponenten direkt auf den Netzplan (Terminplan) zu terminieren. Ein optimierter Wertfluß ist die Folge. Die Lagerzeiten von teuren Teilen sowohl im Lager als auch am Montageplatz können auf ein Minimum reduziert werden.
- Die Planung MRP II integriert die Geschäftsplanung und Branchenauswertungen einerseits mit Absatz und Grobplan andererseits.

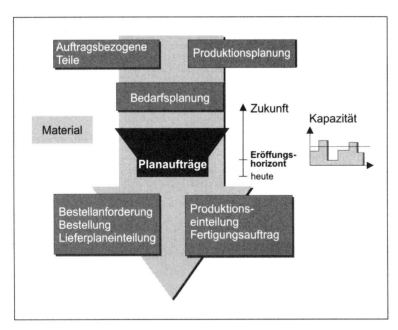

Abbildung 7.6 Produktionsplanung

Vorplanung mit/ohne Endmontage

Die Entscheidung für eine Vorplanung mit Endmontage wird getroffen, wenn keine oder nur eine geringe Variantenvielfalt vorliegt. Eine Vorplanung mit teilkonfigurierten Typen kommt immer dann zu Einsatz, wenn über die Produktkonfiguration exakt die Auswahl der Typen festgelegt werden kann. Eine Kundenauftragsfertigung zeichnet sich dadurch aus, daß alle Komponenten exakt auf den Kundenauftrag geplant werden. Stückzahl und Liefertermin werden jeweils in Abhängigkeit vom Termin- oder Netzplan festgelegt.

Planungsebenen nach MRP II (Material- und Ressourcenplanung)

Alle Komponenten, die nicht direkt kundenauftragsbezogen geplant werden, unterliegen den Planungsebenen nach MRP II. Zunächst wird über die Geschäfts- und Ergebnisplanung der Umfang der zu planenden Typen festgelegt. Über Marktanalysen und Branchenauswertungen wird ein Absatz- und ein Grobplan erstellt. Daraus generiert das System über die Programmplanung und evtl. die Leitteileplanung den Bedarf, der während des betreffenden Zeitraums zu erwarten ist. Die Fertigungssteuerung und die Beschaffung werden sinnvollerweise über eine Rückwärtsterminierung zum spätestmöglichen Zeitpunkt angestoßen.

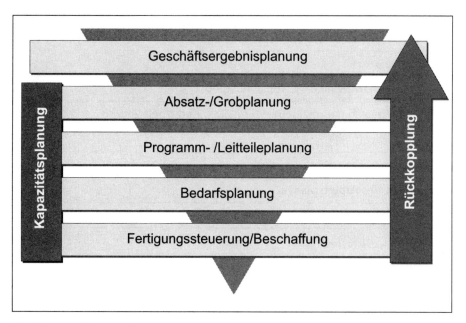

Abbildung 7.7 Planungsebenen

7.2.2 Arbeitsplanverwaltung

Für die Arbeitsplanverwaltung müssen die Komponenten Arbeitsplatz, Verwendung des Arbeitsplans, die Strukturen, der Vorgang und die Terminierung festgelegt werden.

Die Arbeitsplanverwaltung profitiert folgendermaßen:

▶ Die Organisation des Arbeitsplatzes macht eine Terminplanung erst möglich. Sie erlaubt darüber hinaus eine Kapazitätsplanung und eine Vor- und Nachkalkulation, deren Vergleich wichtige Daten liefert.
▶ Die Organisation des Arbeitsplans selbst ist Voraussetzung für eine effiziente Fertigungssteuerung. Es werden gezielte Vorgaben hinsichtlich der benutzten Technik und der benötigten Zeit möglich. Das Qualitätsmanagement kann in der Produktion bereits ansetzen.

Checkliste Arbeitsplanverwaltung
Arbeitsplatz im Arbeitsplan
Beschreibung des Arbeitsplatzes mit Standort/hierarchischer Einbettung
Kalkulation mit Kostenstellen und Leistungsarten
Terminierung mit Formeln und Übergangszeiten
Kapazitätsangebot
Kapazitäten (Maschine, Personal, Rüstpool ...)
Angebotszyklen (Normalbetrieb/Früh/Tag, Kurzarbeit von/bis ...)
Schichtprogramme
Schichten
Verwenden des Arbeitsplans
Fertigung/Montage
Zeiten
Steuerdaten/Texte
Fertigungshilfsmittel
Material
Qualitätssicherung

Checkliste Arbeitsplanverwaltung
Terminierung
Starttermin
Meilensteine
Endtermin
Kapazitätsplanung
Maschinen
Personal
Vorrichtung/Werkzeuge
Rüstpool
Kalkulation
Produktionskosten
Produktionsgemeinkosten

Strukturen des Arbeitsplans

▶ linear

Die lineare Struktur zeigt den normal geplanten Ablauf ohne Störungen und Termindruck.

Abbildung 7.8 Arbeitsplan linear

▶ überlappt

Überlappte Strukturen kommen bei Termin- oder Kapazitätsengpässen zum Einsatz.

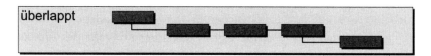

Abbildung 7.9 Arbeitsplan überlappt

▶ **gesplittet**
Gesplittete Strukuren verwenden wir bei Serienfertigung, wenn vorab Teile benötigt werden.

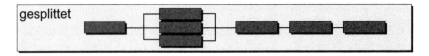

Abbildung 7.10 Arbeitsplan gesplittet

▶ **parallel**
Arbeitspläne mit paralleler Struktur werden in der Regel in der Montage eingesetzt.

Abbildung 7.11 Arbeitsplan parallel

▶ **alternativ**
Alternative Arbeitspläne kommen vorzugsweise bei Engpässen oder teuren Arbeitsplätzen zum Einsatz.

Abbildung 7.12 Arbeitsplan alternativ

Unter dem Begriff »Arbeitsplatz« verstehen wir eine Beschreibung des Ortes, an dem der Vorgang (nämlich die Arbeit) stattfinden soll. Die **Vorgangsbeschreibung** hingegen definiert die Tätigkeiten, die in einer bestimmten Reihenfolge an diesem Arbeitsplatz zu erledigen sind. Die Vorgabewerte für Rüst- und Bearbeitungszeit werden im Maschinen- und Anlagenbau in der Regel nur für Kalkulation und Planung verwendet. Mit dem Steuerschlüssel wird der Ablauf der Arbeitsplanvorgänge bestimmt. Mit dem Arbeitsvorgang selbst wird festgelegt, ob eigen- oder fremdproduziert wird. Für die Qualitätssicherung werden Prüfmerkmale beschrieben. Ereignispunkte oder Meilensteine dienen dabei der Kontrolle des Arbeitsfortschrittes.

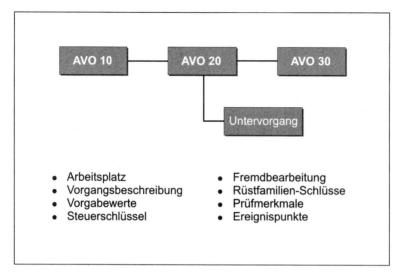

Abbildung 7.13 Arbeitsplan Vorgang

7.2.3 Kapazitätsplanung

In der Zentralen Auftragsleitstelle wird die Grobkapazitätsplanung wochen- oder monatsgenau behandelt. Im Produktionsmanagement geschieht dies mit der Kapazitätsplanung tagesgenau.

Der permanente **Kapazitätsbedarf** wird aus der Programmplanung und der auftragsbezogenen Disposition ermittelt. Er wird mit dem Kapazitätsangebot permanent verglichen, das Ergebnis des Vergleichs wird der Fertigungssteuerung zur Verfügung gestellt.

Über **Belastungsanalysen** pro Arbeitsplatz wird ermittelt, ob eine Über- oder Unterbelastung vorliegt. Um dabei zu einem möglichst genauen Ergebnis zu gelangen, bedient sich die Analyse verschiedener Hilfsmittel und Variablen:

▶ Planungsebenen kurz- bis langfristig (Plan-, Fertigungs- und Montageauftrag)
▶ Tabellarische oder grafische Plantafel
▶ Kapazitätsterminierung
▶ Reihenfolgeplanung/Mittelpunktsterminierung
▶ Simulierte Änderungen von Kapazitätsangebot/Aufträgen/Maschinenbelegung

Aus der organisierten Kapazitätsplanung ergeben sich folgende Vorteile:

▶ Präzise Aussagen über den Kapazitätsbedarf von Aufträgen und eine permanente Übersicht über die tatsächliche Kapazitätsauslastung münden in einem genauen Kapazitätsangebot für neue Aufträge.

▶ Kapazitätsanalysen und Simulationen geben Auskunft darüber, ob eine Über- oder Unterlastung vorliegt.

7.2.4 Fertigungssteuerung

Der **Fertigungsauftrag** muß in verschiedene Bereiche integriert sein. Als erstes sei hier das Materialmanagement genannt, das für eine permanente Planung und Kontrolle der Materialpositionen zum Fertigungsauftrag zuständig ist. Ein weiterer Bereich ist der Vertrieb, der mit Einlastung, Auftragsumfang, Änderungen und Lieferterminkontrolle befaßt ist. Hinzu kommt noch das Controlling mit seinen Soll-/Ist-Vergleiche und als letztes das Qualitätsmanagement. Die Anlage des Fertigungsauftrages muß bei Schnellschüssen manuell erfolgen, ansonsten aber vom System über Planaufträge oder Kundenaufträge generiert werden.

Die organisierte Fertigungssteuerung stellt sicher, daß alle geplanten und disponierten Teile am richtigen Ort, zur richtigen Zeit, in der vorgegebenen Qualität vorliegen und wirtschaftlich fertiggestellt werden.

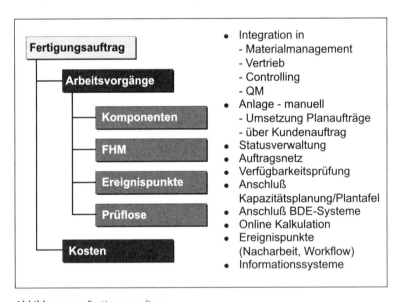

Abbildung 7.14 Fertigungsauftrag

Bei der **Auftragseröffnung** wurden folgende Komponenten zugeordnet:

▶ Stücklisten/Arbeitsplan

▶ Terminierung/Kapazitätsbedarf

▶ Reservierungen

▶ Bestellanforderungen (Nichtlagerteile, verlängerte Werkbank)

- Verfügbarkeitsprüfungen (Material/Kapazität)
- Plankosten

Die **Freigabe** hat beinhaltet folgende Vorgänge:

- Auftrags/Vorgangsfreigabe
- Verfügbarkeitsprüfungen
- Druck Fertigungspapiere
- Prüfloserzeugung
- Versorgung BDE-Systeme

Der **Auftragsfortschritt** übernimmt die nachstehenden Aufgaben:

- Entnahmen (manuell/retrograd)
- Rückmeldungen/BDE
- Ergebniserfassung
- Ergebnispunktsteuerung
- Lagerzugang

Die **Abrechnung** kann auf dreierlei Weise erfolgen:

- An Lager
- An Kundenauftrag
- Sonstige

Beim Anlagenbau werden die Auftragskomponenten immer über ein **Auftragsnetz** produziert.

7.2.5 Montageabwicklung

Die Abwicklung für Produkte wie Apparate, Standardmaschinen, Geräte und ähnliches (Teile und Komponenten liegen komplett auf Lager) folgt immer dem in den Abbildungen 7.16 und 7.17 gezeigten Prinzip.

Die organisierte Montageabwicklung gewährleistet eine hohe Lieferbereitschaft, alle Komponenten werden so schnell als möglich bereitgestellt.

- Iintegrierte Betrachtung des Fertigungsprozesses

- Keine Ein-/Auslagerung in Zwischenstufen erforderlich
  (Bestandsführung möglich)

- Betriebswirtschaftliche Funktionen gleichzeitig für mehrere Aufträge
  (z.B. Freigabe)

- Automatische Änderung abhängiger Aufträge
  (z.B. Termine, Mengen)

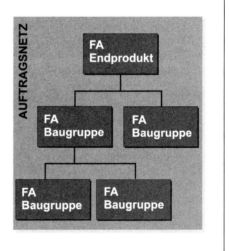

Abbildung 7.15 Auftragsnetz

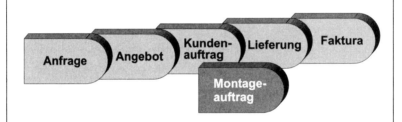

- Generierung Montageauftrag (ein-/mehrstufig) während Kundenauftragserfassung

- Rückkopplung Montageauftrag/Kundenauftrag

- Preisfindung manuell
  - Preisliste
  - Kalkulation

- Kapazitätsprüfung Online

- Terminierung auf Basis Baugruppenverfügbarkeit

- MRP / Kanban auf Baugruppenebene

Abbildung 7.16 Montageabwicklung 1

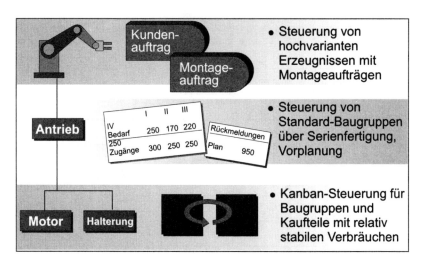

Abbildung 7.17 Montageabwicklung 2

7.2.6 Checkliste

☑ Checkliste Produktionsmanagement	Kommentar
☐ **Planung**	
☐ Festlegung Planungsstrategie	
☐ MRP II	
☐ Produktgruppenplanung	
☐ Flexible Planung	
☐ Produktionsprogrammplanung	
☐ Langfristplanung	
☐ Leitteileplanung	
☐ **Disposition**	
☐ Festlegung Dispoverfahren	
☐ Standard	
☐ Perioden	
☐ Dynamische Losgrößen	
☐ Parameter festlegen	

☑ Checkliste Produktionsmanagement	Kommentar
☐ **Terminierung**	
☐ Durchlaufterminierung festlegen	
☐ **Fertigungssteuerung**	
☐ Strategie und Ablauf festlegen	
☐ Direktfertigung festlegen	
☐ Montageabwicklung festlegen	
☐ Verlängerte Werkbank	
☐ **Kapazitätsplanung**	
☐ Kapazitätsbedarf ermitteln	
☐ Kapazitätsanalysen festlegen	
☐ Grafische Plantafel einrichten	
☐ Rückmeldewesen festlegen	
☐ **Arbeitsplanverwaltung**	
☐ Arbeitsplatz	
☐ Arbeitsplan	
☐ Strukturen	
☐ Vorgang	
☐ Terminierung	
☐ Arbeitskopf	
☐ Arbeitsplaner	
☐ Datum	
☐ Änderung	
☐ **Stammdaten**	
☐ Planungsdaten	
☐ Dispodaten	
☐ Termindaten	
☐ Fertigungsauftrag	

☑ Checkliste Produktionsmanagement	Kommentar
☐ Kapazitätsdaten	
☐ Arbeitsplatzdaten	
☐ Arbeitsplandaten	

7.3 Materialmanagement

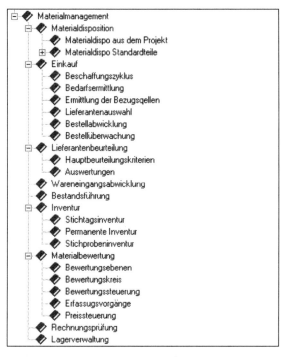

Abbildung 7.18 Die Geschäftsprozesse des Materialmanagements

7.3.1 Materialdisposition

Die Materialdisposition im Maschinen- und Anlagenbau ermittelt ihre Daten aus der Kundenauftragsfertigung mit ihren auftragsbezogenen Teilen und aus der Lagerfertigung mit ihren Standardteilen.

Das organisierte Materialmanagement bringt den höchsten Nutzen, wenn es sein Ziel, nämlich das Material zum richtigen Zeitpunkt, zur richtigen Qualität, am richtigen Ort und zu einem vertretbaren Preis zu beschaffen, erreicht. Die verschiedenen Phasen des Materialmanagements gilt es also, auf dieses Ziel hin zu optimieren.

Voraussetzung für die Materialdisposition aus dem Kundenauftrag ist ein integriertes Projektmanagementsystem. Erst die verschiedenen Sichten von Konstruktionsstückliste und Fertigungsstückliste in Verbindung mit den Netzplanpositionen ermöglichen eine termingerechte und ortsgenaue Disposition, und das sogar bei häufigen Änderungen, die auf Kundenwünschen beruhen oder aber konstruktionsbedingt sind. Bei auftragsbezogenen Teilen verkürzt die terminliche Direktzuordnung über den Netzplan zum Kommissionierplatz den Bearbeitungsaufwand beim Kommissionieren. Standardteile werden im Zusammenhang mit der Produktionsplanung disponiert. Durch wirtschaftliche Losgrößen entsteht ein hoher Nutzen.

Bei der Materialdisposition aus dem Projekt heraus wird eine Vorabbestellung für Langlaufteile mit einhergehender Terminkontrolle möglich. Zusammen mit der Just-in-time-Organisation für kundenauftragsbezogene Komponenten und Teile sorgt sie für termingerechte Lieferungen der Komponenten im Werk oder auf der Baustelle.

Über den Ablauf im Projekt gibt die Skizze in Abbildung 7.20 Auskunft.

Die Konstruktionsstückliste gibt die Sicht der Entwicklung auf das Produkt wieder. Die geplanten Materialkomponenten der Netzpläne und Fertigungsaufträge hingegen repräsentieren die Sicht der Abwicklungen. Für die Sicht auf das Produkt übernehmen Sie entweder die Fertigungsstückliste oder die Konstruktionsstückliste als Komponentenliste in den Netzplan bzw. Fertigungsauftrag. Die Komponentenlisten können Sie direkt in der Disposition (MRP) für die Beschaffung oder Produktion verwenden.

Nachdem Sie die benötigten Komponenten im Netzplan einander zugeordnet haben, können Sie den MRP-Lauf für Ihr Projekt direkt starten. Dabei werden in Ihrem Projekt Einzeldispositionsabschnitte erzeugt, die Planaufträge (interne Bearbeitung) oder Bestellanforderungen (externe Bearbeitung) auslösen. Planaufträge und Bestellanforderungen können in Fertigungsaufträge und Bestellungen umgesetzt werden. Das daraus entstandene Obligo und die Kosten werden dem Projekt direkt zugeordnet und darin fortgeschrieben. Danach können interne Daten in die Komponentenliste des Netzplans übernommen werden.

Der Kundenauftrag beschreibt das Produkt aus der Sicht des Vertriebs. Die Lieferungen geben die Sicht des Versands wieder. Die Lieferung kann automatisch aus den Materialkomponenten des Kundenauftrags oder des Projekts erzeugt werden. Abweichungen, die bei der Produktion bzw. Montage des Produkts auftreten, müssen in manchen Branchen unbedingt dokumentiert werden. Voraussetzung einer solchen vollständigen Dokumentation ist das Wissen um den Zustand eines jeden Erzeugnisses und all seiner Komponenten.

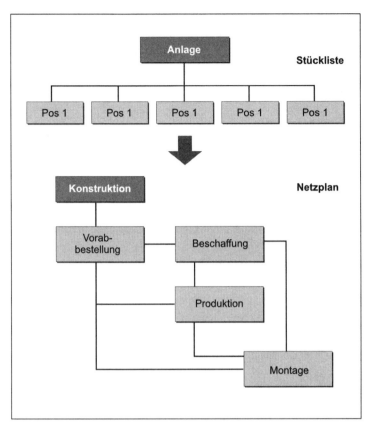

Abbildung 7.19 Projektstruktur im Materialmanagement

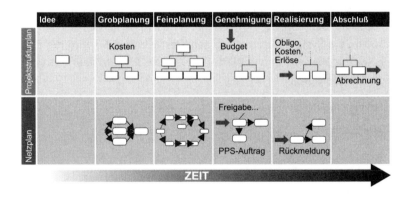

Abbildung 7.20 Ablauf

Alle diesbezüglichen Daten gilt es also festzuhalten. Dazu gehören auch Daten, die erst während des Produktionsprozesses bekannt werden, wie z. B. Herstellerteilenummern, Serialnummern oder Chargen, die eingebaut werden. Desgleichen gilt für alle Änderungen, die später an dem Produkt aufgrund von Servicemaßnahmen durchgeführt werden.

Materialdisposition Standardteile

Die zentrale Aufgabe der Materialdisposition ist die Überwachung der Bestände und insbesondere die automatische Generierung von Bestellanforderungen für den Einkauf. Dieses Ziel wird durch den Einsatz verschiedener Dispositionsmethoden erreicht.

Bei der Materialdisposition von Standardteilen kommt ein optimales Dispoverfahren zum Einsatz. Bestellungen werden automatisch generiert und enthalten durch eine Abstimmung von Marktanforderungen, Lagerbestand und Auftragsbezug untereinander optimale Losgrößen. Zudem ist eine Zusammenfassung von Gleichteilen und Typengruppen möglich. Sofortige Meldungen informieren über einen drohenden Terminverzug, über eine etwaige Stornierung oder Unterterminierung, ein Unterschreiten des Sicherheitsbestands usw. und unterstützen den Disponenten bei der Kontrolle, ob das gewünschte Ergebnis erzielt werden kann.

In der Regel wird die Materialdisposition nach Tagesabschluß als Veränderungsplanung durchgeführt. Es werden dabei nur die Materialien geplant, deren Bedarfs- oder Bestandssituation sich verändert hat. Die Veränderungsplanung ermöglicht durch ihre relativ kurze Laufzeit eine Wiederholung des Planungslaufs in kurzen Abständen. Um den Planungslauf weiter zu verkürzen, kann er auf einen definierten Planungshorizont beschränkt werden. Der Disponent erhält damit sehr aktuelle Dispositionsergebnisse. Hinweise auf kritische Teile und Ausnahmesituationen müssen vom System automatisch generiert werden. So wird der Disponent bei der Routineüberwachung entlastet. Bei einem Planungslauf führt das System folgende Schritte durch:

▶ Nettobedarfsrechnung

▶ Losgrößenberechnung

▶ Terminierung

▶ Ermittlung von Bestellvorschlägen

▶ Erstellung von Ausnahmemeldungen

Aufgabe des Disponenten ist es, das maschinell erzeugte Dispositionsergebnis mittels interaktiver Planung anzupassen wobei einzelne Materialien sofort online neu disponiert werden müssen. Die Dispositionsverfahren der verbrauchsgesteuerten Disposition müssen einfach zu handhaben und mit geringem Aufwand zu betreiben sein. Vorzugsweise werden diese Dispositionsverfahren deshalb in Bereichen ohne eigene Fertigung oder in Produktionsbetrieben für die Disposition der B- und C-Teile sowie der Hilfs- und Betriebsstoffe eingesetzt.

Plangesteuerte Disposition orientiert sich im Unterschied zu der verbrauchsgesteuerten Disposition an den vorliegenden Kundenaufträgen und Materialreservierungen. Die Art des Bestellvorschlags, der bei der Disposition automatisch generiert wird, hängt von der Beschaffungsart des Materials ab. Bei Eigenfertigung wird grundsätzlich ein Planauftrag erzeugt. Bei Fremdbeschaffung kann der Disponent zwischen Planauftrag, Bestellanforderung oder Lieferplaneinteilung wählen.

Es gibt drei **Dispositionsverfahren**, die bei der verbrauchsgesteuerten Disposition eingesetzt werden:

- Bestellpunktdisposition
- Stochastische Disposition
- Rhythmische Disposition

Bestellpunktdispositon

Bei diesem Dispositionsverfahren wird der verfügbare Lagerbestand mit dem Meldebestand verglichen. Ist der verfügbare Lagerbestand kleiner als der Meldebestand und hat der Einkauf noch keine Bestellung in ausreichender Menge eingeplant, so wird ein Bestellvorschlag erzeugt. Der Meldebestand, auch Bestellpunkt genannt, ist die Summe aus dem Sicherheitsbestand und dem zu erwartenden durchschnittlichen Materialbedarf während der Wiederbeschaffungszeit. Bei der Berechnung des durchschnittlichen Materialbedarfs werden der bisherige Verbrauch, darauf basierend der zukünftige Bedarf und die Wiederbeschaffungszeit berücksichtigt.

Der Sicherheitsbestand hat die Aufgabe, sowohl den Materialmehrverbrauch während der Wiederbeschaffungszeit als auch den Zusatzbedarf bei etwaigen Lieferverzögerungen abzudecken. Entsprechend müssen bei der Festlegung des Sicherheitsbestands der bisherige Verbrauch oder der zukünftige Bedarf und die Termintreue des Lieferanten berücksichtigt werden. Meldebestand und Sicherheitsbestand sind somit zentrale Steuerungsparameter bei der Bestellpunktdisposition. Sie können sowohl manuell vom Disponenten festgelegt als auch maschinell durch das System berechnet werden.

Der Vorteil der maschinellen Bestellpunktdisposition ist der, daß sich Melde- und Sicherheitsbestand automatisch an die jeweiligen Verbrauchs- und Liefersituation anpassen. Damit wird ein Beitrag zur Bestandsreduzierung geleistet. Die laufende Überwachung des verfügbaren Lagerbestands bei der Bestellpunktdisposition übernimmt die Bestandsführung. Bei jeder Materialentnahme wird überprüft, ob durch die Entnahme der Meldebestand unterschritten wird. Ist dies der Fall, wird für den nächsten Planungslauf eine Planungsvormerkung erzeugt.

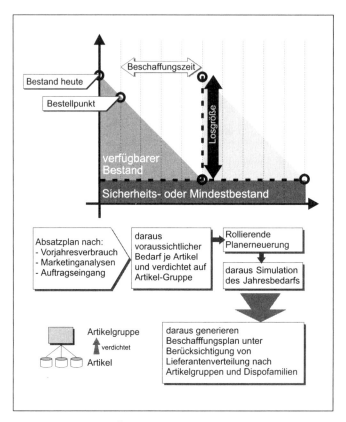

Abbildung 7.21 Dispo-Überblick

Stochastische Disposition

Auch die stochastische Disposition orientiert sich am Materialverbrauch. Wie bei der maschinellen Bestellpunktdisposition werden auch bei diesem Verfahren durch das integrierte Prognoseprogramm Prognosewerte für den zukünftigen Bedarf ermittelt. Anders als bei der Bestellpunktdisposition bilden diese Werte bei der stochastischen Disposition jedoch die Basis für die Planung.

In regelmäßigen Zeitabständen führt der Disponent die Prognoserechnung durch. Das bietet den Vorteil, daß der maschinell ermittelte Bedarf an das aktuelle Verbrauchsverhalten angepaßt wird. Wurde in der laufenden Periode bereits Material entnommen, wird der Prognosebedarf um diese Materialentnahmen reduziert, damit der schon realisierte Teil des vorhergesagten Bedarfs nicht erneut in die Disposition eingeht. Das Zeitraster für die Prognose (Tag, Woche, Monat oder Buchhaltungsperiode) und die Anzahl der Vorhersageperioden kann der Disponent für jedes Material individuell festlegen. Bei zu grobem Raster können die Prognosebedarfswerte für die Disposition auf ein feineres Periodenraster aufgeteilt werden. Zusätzlich kann er festlegen, wie viele Perioden aus der Prognose in der Disposition berücksichtigt werden.

Rhythmische Disposition

Wenn ein Lieferant ein Material immer an einem bestimmten Wochentag liefert, ist es sinnvoll, die Disposition des Materials diesem Rhythmus, verschoben um die Lieferzeit, anzupassen. Genau dieses Verfahren bezeichnet man als rhythmische Disposition.

Rhythmisch disponierte Materialien sind mit einem Dispositionsdatum versehen. Dieses Datum entspricht dem Tag, an dem das Material zum nächsten Mal disponiert wird. Eine Disposition erfolgt also immer an bestimmten vordefinierten Tagen. Es besteht allerdings die Möglichkeit durch Angabe eines abweichenden Dispositionsdatums beim Dispositionslauf, den Dispositionslauf selbst auf einen früheren Termin vorzuziehen. Ist innerhalb des zugrundeliegenden Zeitintervalls der aktuelle Bedarf zusammen mit der offenen Bestellmenge kleiner als der prognostizierte Bedarf, erzeugt das System bei der Bedarfsrechnung einen Bestellvorschlag für die Differenzmenge. Hängt der Termin, zu dem der Lieferant seine Ware liefert, vom Tag der Bestellung ab, so kann neben dem Dispositionsrhythmus ein Lieferrhythmus angegeben werden.

Des weiteren besteht die Möglichkeit, die rhythmische Disposition und die Bestellpunktdisposition zu kombinieren. In diesem Fall wird das Material disponiert, wenn der Meldebestand durch einen Warenausgang unterschritten wird, spätestens jedoch bei Erreichen des definierten Dispositionsdatums. Die vom System prognostizierten Bedarfsmengen werden beim Planungslauf übernommen, und die Nettobedarfsrechnung wird durchgeführt. Bei der Nettobedarfsrechnung wird für jede Periode überprüft, ob der Prognosebedarf durch den verfügbaren Lagerbestand oder die fest eingeplanten Zugänge des Einkaufs abgedeckt ist. Bei Unterdeckung eines Prognosebedarfs wird ein Bestellvorschlag generiert. Die Angaben eines Reichweitenprofils im Materialstammsatz bestimmt, daß das System bei der Bedarfsrechnung die festgesetzten Reichweiten berücksichtigt und einen bedarfsorientierten (dynamischen) Sicherheitsbestand bildet. Die Nettobedarfsplanung prüft die Deckung der Prognosebedarfe.

Losgrößenverfahren

Wird bei einem Planungslauf eine Bedarfsunterdeckung festgestellt, so ist es Aufgabe der Disposition, einen Bestellvorschlag zu generieren. Die Losgröße für den Bestellvorschlag wird nach dem vom Disponenten im Materialstammsatz festgelegten Losgrößenverfahren bestimmt.

Bei den **statischen Losgrößenverfahren** wird die Losgröße ausschließlich anhand von Mengenvorgaben aus dem jeweiligen Materialstammsatz gebildet. Es gibt drei unterschiedliche Kriterien, nach denen die Losgröße berechnet werden kann:

- Exakte Losgröße
- Feste Losgröße
- Auffüllen bis zum Höchstbestand

Bei den **periodischen Losgrößenverfahren** werden die Bedarfsmengen einer oder mehreren Perioden zu einer Losgröße zusammengefaßt. Das System muß unterschiedliche Perioden unterstützen. Die Anzahl der Perioden, die zu einem Bestellvorschlag zusammengefaßt werden sollen, kann beliebig festgelegt werden. Man unterscheidet dabei zwischen folgenden Losgrößen:

- Tageslosgrößen
- Wochenlosgrößen
- Monatslosgrößen
- Losgrößen nach flexiblen Periodenlängen, analog zu Buchhaltungsperioden (Periodenlosgrößen)
- Losgrößen nach Planungskalender (frei definierbare Perioden)

Bei den **optimierenden Losgrößenverfahren** werden Bedarfsmengen zu einer Losgröße zusammengefaßt, wobei zwischen den fixen Kosten der Losgrößen und den anfallenden Lagerhaltungskosten ein Kostenoptimum ermittelt wird. Die verschiedenen Optimierungsverfahren unterscheiden sich nur in der Art der Berechnung des Kostenminimums. In der Regel werden folgende Verfahren eingesetzt:

- Stück-Perioden-Ausgleich
- Verfahren der gleitenden wirtschaftlichen Losgröße

Die **Zusammenfassung von Bedarfsmengen** zu einer Losgröße kann der Benutzer über zusätzliche Restriktionen im Materialstammsatz beeinflussen:

- Einerseits durch die Angabe von Grenzwerten (Mindestlosgröße, maximale Losgröße). Diese Grenzwerte werden bei der Losgrößenberechnung berücksichtigt, d.h., die Losgröße wird entweder auf die Mindestlosgröße aufgerundet, oder es wird eine Zusammenfassung, die über die maximale Losgröße hinausgeht, verhindert.

▶ Andererseits durch die Angabe eines Rundungswertes oder eines Rundungsprofils. Dies bewirkt, daß bei der Losgrößenrechnung die Losgröße auf ein Vielfaches des festgelegten Wertes, ggf. in Abhängigkeit von festgelegten Schwellenwerten, aufgerundet wird.

Zu den einzelnen Losgrößenverfahren kann über entsprechende Einstellungen die Zeitachse für die Bedarfsplanung in einen kurzfristigen und einen langfristigen Bereich aufgeteilt werden, so daß in diesen beiden Zeiträumen die Losgrößenrechnung mit unterschiedlichen Losgrößenverfahren durchgeführt werden kann. Zusätzlich kann für die langfristig geltende Losgröße festgelegt werden, ob die im Materialstammsatz definierten Losgrößenparameter **Maximale Losgröße** und **Mindestlosgröße** in die Losgrößenrechnung einfließen sollen.

Kundenaufträge und Reservierungen, die in der Regel nicht in die Nettobedarfsrechnung der verbrauchsgesteuerten Dispositionsverfahren einbezogen werden, können für die Bestellpunktdisposition und die rhythmische Disposition als dispositiv wirksam eingestellt werden.

Gibt es für ein Material unterschiedliche Bezugsquellen wie z.B. mehrere Lieferanten oder Lieferpläne, können zeitabhängige **Beschaffungsquoten** definiert werden. Diese werden dann in der Disposition berücksichtigt.

Das **Ergebnis des Planungslaufes** für ein Material wird sowohl in der Dispositionsliste als auch in der aktuellen Bedarfs- und Bestandsliste zusammengefaßt. Die Darstellung kann auf der Zeitachse in einem beliebigen Periodenraster erfolgen.

Die **Dispositionsliste** zeigt die zum Zeitpunkt des letzten Planungslaufes ermittelte zukünftige Bedarfs- und Bestandsentwicklung. Sie ist die Arbeitsgrundlage für den Disponenten und steht als Anzeige sowie als Ausdruck zur Verfügung. Der Disponent kann über verschiedene Selektionsparameter die für ihn relevante Dispositionsliste gezielt auswählen und darüber hinaus eine Übersicht über mehrere Dispositionslisten erzeugen lassen, auf deren Aussehen er durch Eingabe unterschiedlicher Selektionskriterien einschränkend Einfluß nehmen kann.

Der Aufbau dieser Liste entspricht inhaltlich weitgehend dem der Dispositionsliste, zeigt aber darüber hinausgehend die aktuell gültige Bedarfs- und Bestandsentwicklung an. Alle dispositionsrelevanten Aktivitäten wie z.B. Wareneingang und Warenausgang werden hier sofort sichtbar. Damit kann sich der Disponent jederzeit einen Überblick über die momentane Materialverfügbarkeit verschaffen. Es ist möglich, eine Übersicht über mehrere Bedarfs- und Bestandslisten zu erzeugen, die unterschiedlichen Kriterien (Produktgruppe, Klasse, Disponent, Lieferant, Fertigungslinie) genügen.

Das System muß bei jedem Planungslauf Ausnahmemeldungen generieren und den Disponenten so auf Ausnahmesituationen hinweisen, die eventuell ein Eingreifen erforderlich machen. Ausnahmemeldungen können sich beispielsweise auf folgendes beziehen:

- Terminverzug
- Umterminierung und Stornierung
- Unterschreitung des Sicherheitsbestands

Diese Ausnahmemeldungen können zu Auswahlgruppen zusammengefaßt werden, so daß eine Anzeige der Dispositionsergebnisse gezielt nach einer oder mehreren Auswahlgruppen möglich wird.

7.3.2 Einkauf

Der Einkauf profitiert von einem organisierten Materialmanagement bei der Bedarfsermittlung und der Ermittlung der Bezugsquellen, die ja automatisch, mit Anfragen an verschiedene Lieferanten durchgeführt werden kann. Ein Lieferantenvergleich ermittelt das beste Angebot, die nachfolgende Bestellung erweist sich als ohne viel Aufwand durchführbar und kann sowohl über einen Kontrakt als auch über einen Rahmenvertrag abgewickelt werden.

Nach der Kommissionsterminierung erfolgt eine automatische Bestellüberwachung, die durch die Möglichkeit Fehlteilelisten nach Auftragsstückliste zu bearbeiten gewährleistet, daß das Material bei Montagebeginn vollständig vorhanden ist.

Der Beschaffungszyklus im Einkauf setzt sich wie folgt zusammen:

- Bedarfsermittlung
- Ermittlung der Bezugsquellen
- Lieferantenauswahl
- Bestellabwicklung
- Bestellüberwachung

Für die Beschreibung der **Bedarfsermittlung** sei auf das Kapitel 7.4.1 verwiesen.

Ermittlung der Bezugsquellen: Innerhalb des Systems bereits existierende Bezugsquellen für ein angefordertes Material werden automatisch gefunden und der Bestellanforderung zugeordnet. Die zugeordneten Bestellanforderungen können vom Einkauf zügig bearbeitet werden, da die Bezugsquelle bereits bekannt ist. Folgende Bezugsquellen müssen möglich sein: Fester Lieferant, Rahmenvertrag, Infosatz.

Es ist nun Aufgabe eines jeden Einkäufers, sich eine individuelle Liste der von ihm zu bearbeitenden Bestellanforderungen erzeugen zu lassen, die gewünschten Bezugsquellen auszuwählen und die Bestellungen bzw. Kontraktabrufe oder Lieferplaneinteilungen zu generieren. Konnte dem Material keine Bezugsquelle zugeordnet werden, so wird die Bestellanforderung zur Anfragebearbeitung vorgemerkt.

Anfragen fordern Lieferanten auf, Angebote abzugeben. Das Angebot enthält Preise und Konditionen eines Lieferanten für die angegebenen Materialien oder Dienstleistungen und evtl. Zusatzinformationen wie z. B. genaue Liefereinteilungen. Anfragen werden automatisch aus einer Bestellanforderung heraus oder aber manuell erzeugt anschließend an verschiedene Lieferanten verschickt. Die Daten der eingehenden Angebote werden in den einzelnen Anfragen erfaßt und bilden demnach mit dem Angebot eine Einheit.

Lieferantenauswahl: Mit Hilfe eines Preisspiegels werden die eingegangenen Angebote miteinander verglichen, das beste wird ausgewählt. Dessen Daten müssen automatisch in einem Einkaufsinfosatz gespeichert werden; für die anderen Lieferanten werden Absageschreiben erzeugt. Welche Merkmale besitzen Anfrage und Angebot?

- Über komfortable Referenzfunktionen können Anfragen direkt aus Bestellanforderungen erzeugt werden.
- Die Daten des Angebots werden in der Anfrage erfaßt.
- Angebote bilden die Basis zur Erzeugung von Preisregeln und -vergleichen.

Bestellabwicklung: Das Ziel der Bestellabwicklung ist es, Bestellungen mit möglichst wenig Aufwand zu bearbeiten. Daher beziehen sich Bestellungen in der Regel auf im System vorhandene Daten. Der Arbeitsaufwand für die Datenerfassung entfällt, die Fehlerwahrscheinlichkeit ist geringer und die Konsistenz der Daten wird gewährleistet. Diejenige Bestellanforderung, die er seiner Bestellung zugrunde legen möchte, kann der Sachbearbeiter im Einkauf in einer Auswahlliste selektieren und daraus Bestellpositionen generieren. Darüber hinaus ist es ihm möglich, auch auf bereits vorhandene Bestellungen Bezug zu nehmen.

Ist ein Kontrakt für das angeforderte Material vorhanden, kann der Einkäufer sich auf die Kontraktposition beziehen, um eine sogenannte Abrufbestellung zu erzeugen. Im Falle der Abrufbestellung müssen nur die Bestellmenge und das Lieferdatum eingegeben werden, andere Details wie Texte, Preise und Konditionen werden aus dem Kontrakt übernommen. Ein **Rahmenvertrag** ist die Vereinbarung mit einem Lieferanten über die Lieferung von Materialien bzw. die Erbringung von Dienstleistungen zu festgelegten Konditionen innerhalb eines bestimmten Zeitraums mit bestimmten Abnahmemengen oder -werten. Zu einer zeitlich fixierten

Lieferung oder Leistung wird der Lieferant aber erst durch Abrufe bzw. Einteilungen einer Menge zu einem bestimmten Termin aufgefordert. Als Rahmenverträge werden Kontrakte und Lieferpläne definiert.

Bestellüberwachung: Die Bestellüberwachung muß weitgehend automatisiert werden. Bei Projektaufträgen wird der jeweilige Liefertermin aus der Netzplanposition übernommen, und Terminänderungen werden jeweils automatisch mitgezogen, da sonst Einzelpositionen zu früh oder zu spät ausgeliefert werden. Die Bestellüberwachung wird aus der Montagekommissionierung heraus ausgelöst und muß dem Lieferanten mindestens eine Woche vorab zur Verfügung gestellt werden.

7.3.3 Lieferantenbeurteilung

Die Lieferantenbeurteilung unterstützt den Einkauf bei der Optimierung der Beschaffung. Sie erleichtert die Auswahl von Bezugsquellen und die laufende Kontrolle bestehender Lieferbeziehungen sowohl für Materialien als auch für Dienstleistungen.

Die Lieferantenbeurteilung bezieht sich auf alle möglichen Lieferanten und Einkaufsorganisationen und mündet in eine objektive Bewertung. Die Beschaffung wird optimiert, die Auswahl der Bezugsquellen erleichtert, die bestehenden Lieferbeziehungen unterliegen einer laufenden Kontrolle. Die Nutzung des Lieferantenbeurteilungssystems gewährleistet eine objektivere Bewertung, weil alle Lieferanten nach einheitlichen Kriterien beurteilt und die Noten vom System berechnet werden. Es wird dadurch vermieden, daß subjektive Einzeleindrücke und Wertungen die Auswahl bestimmen. Die Qualität der Lieferanten wird in einer Punkteskala mit einem Wert von 1 bis 100 bewertet, dessen Errechnung sich auf vier Hauptbeurteilungskriterien stützt:

- ▶ Preis
- ▶ Qualität
- ▶ Lieferung
- ▶ Service

Anhand der Gesamtnote gewinnen die Verantwortlichen im Einkauf einen allgemeinen Eindruck von den Leistungen ihrer Lieferanten und können sie miteinander vergleichen. Zur Darstellung der Ergebnisse von Lieferantenbeurteilungen dienen Auswertungen. Beispielsweise können Hitlisten der besten Lieferanten hinsichtlich ihrer Gesamtnote, aber auch in bezug auf ein bestimmtes Material erzeugt werden. Änderungen der Beurteilung werden in Protokollen festgehalten, und es besteht die Möglichkeit, Beurteilungsblätter zu drucken.

Welche Aufgaben übernimmt die Lieferantenbeurteilung?

- Mit Hilfe der Lieferantenbeurteilung können Lieferanten nach einheitlichen Kriterien bewertet werden. Die Beurteilung kann sowohl automatisch als auch manuell durchgeführt werden.
- Diese Funktionen unterstützen den Einkauf bei der Beschaffungsoptimierung und bei der Auswahl der Bezugsquellen.

Verantwortlichen für den Einkauf ist an einem permanenten Überblick über ihre Lieferanten und Einkaufsorganisationen gelegen, um jederzeit auf Marktveränderungen adäquat reagieren zu können. Bestellungen müssen auf schnelle und komfortable Weise zu überwachen sein. Die **Auswertungen im Einkaufssystem** verschaffen dem Benutzer eine Vielzahl verschiedener Informationen und bereiten sie nach seinen individuellen Anforderungen auf. Folgende Informationen sind z. B. verfügbar:

- Zahl der Bestellungen bei einem bestimmten Lieferanten in einer definierten Periode gemacht wurden
- Zahl der Bestellungen, für die bereits Ware eingegangen ist
- Vollständigkeit einer bestimmten Lieferung
- Termintreue des Lieferanten
- Korrektheit Waren- und Rechnungseingang
- Durchschnittswert pro Bestellung einer Einkaufsorganisation bzw. einer Einkäufergruppe

7.3.4 Wareneingang

Die Erfassung des Wareneingangs gestaltet sich recht einfach. Eine permanente Kontrolle der Bestellabwicklung ist möglich, wodurch Über- oder Unterlieferung sowie ausbleibende Lieferungen frühzeitig erkannt werden. Ein Mahnverfahren kann integriert werden. Zudem bietet sich die Möglichkeit einer Rechnungsprüfung und einer Bewertung des gelieferten Materials.

Wird eine Ware aufgrund einer Bestellung geliefert, so wird der Wareneingang mit Bezug zur Bestellung erfaßt, was folgende Vorteile bietet:

- Das System schlägt beim Erfassen des Wareneingangs Daten aus der Bestellung (z. B. bestellte Materialien, Mengen) vor, was sowohl die Erfassung als auch die Kontrolle (Über- und Unterlieferungen) beim Wareneingang erleichtert.
- Wurde die gelieferte Menge vom Lieferanten avisiert, kann der Wareneingang mit Bezug zum Lieferavis erfaßt werden. Somit wird die vom Lieferanten bestätigte Menge für den Wareneingang vorgeschlagen.

- Die Wareneingangsdaten werden in der Bestellentwicklung und in der Lieferantenbeurteilung fortgeschrieben. Demnach kann der Einkauf die Bestellentwicklung verfolgen und bei ausbleibender Lieferung ein Mahnverfahren einleiten. In der Lieferantenbeurteilung können anhand der Wareneingangsdaten die Termin- und die Mengentreue ermittelt werden.
- Die Lieferantenrechnung wird aufgrund der bestellten und der gelieferten Menge geprüft
- Die Bewertung des Wareneingangs erfolgt aufgrund des Bestell- bzw. Rechnungspreises.

7.3.5 Bestandsführung

Die Führung der Materialbestände kann mengen- und wertmäßig erfolgen, wobei eine Planung und Erfassung und ein Nachweis aller Warenbewegungen möglich ist. Sie schafft damit die Voraussetzungen für die Durchführung der Inventur.

Die physischen Bestände werden durch die Echtzeit-Erfassung aller bestandsverändernden Vorgänge und die daraus resultierenden Bestandsfortschreibungen immer exakt abgebildet. Der Benutzer kann sich jederzeit einen Überblick über die aktuellen Bestände eines Materials verschaffen. Bei jeder Bestandsänderung stehen die aktuellen Daten sofort den vor- und nachgelagerten Bereichen zur Verfügung. So wird der verfügbare Bestand in der aktuellen Bedarfs-/Bestandsliste der Disposition angepaßt und ggf. eine Planungsvormerkung für das Material erzeugt. Bei der Buchung einer Warenbewegung wird auch der Bestandswert fortgeschrieben, und es werden Wertfortschreibungen in anderen Anwendungen ausgelöst:

- Die Sachkonten der Hauptbuchhaltung werden automatisch bebucht.
- Für die beteiligten Kontierungsobjekte (z.B. Kostenstellen, Aufträge, Projekte, Anlagen) werden Einzelposten erzeugt.

Die Buchungsbeträge werden aufgrund der Daten aus der Bestellung, dem Materialstammsatz usw. automatisch vom System ermittelt. Folglich muß der Erfasser einer Warenbewegung nur die zu bewegende Menge eingeben. Wareneingänge können auch unbewertet gebucht werden. Die Bewertung erfolgt in diesem Fall erst beim Rechnungseingang. Bei der Durchführung von Warenbewegungen werden Belege erstellt, die die Grundlage für die Mengen- und Wertfortschreibung bilden und gleichzeitig als Nachweis für die Bewegung dienen. Eine Planung von Warenbewegungen ist über Reservierungen möglich. Der für eine Warenbewegung gebuchte Materialbeleg kann in Form eines Warenbegleitscheins (eventuell mit Barcode) gedruckt werden, der die physische Bewegung im Lager auslöst.

7.3.6 Inventur

Zur Bilanzierung seiner Bestände muß jedes Unternehmen mindestens einmal pro Geschäftsjahr eine Inventur der Lagerbestände durchführen. Dabei können verschiedene Verfahren angewendet werden: Die Inventur kann als Stichtagsinventur, permanente Inventur oder Stichprobeinventur vorgenommen werden.

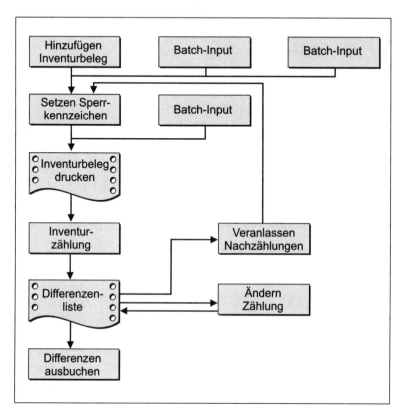

Abbildung 7.22 Allgemeiner Inventurablauf

Für die Durchführung der Inventur stehen in allen Fällen Erfassungshilfen zur Verfügung. Dies sind u.a.:

- Erstellen von Inventurbelegen
- Drucken von Inventuraufnahmelisten
- Sperren der zu inventarisierenden Materialien für Lagerbewegungen
- Eingeben der Zählergebnisse mit Bezug auf die Inventurbelege
- Nullzählung automatisch setzen
- Übernahme von MDE-Inventurzähldaten
- Listen der Inventurdifferenzen

- Ausbuchen der Differenzen mit Bezug auf die Inventurbelege
- Erstellen von Nachzählbelegen bei zu großen Differenzen
- Aufzeichnen jeder einzelnen Inventur pro Material über beliebig viele Jahre

7.3.7 Materialbewertung

Über Bewertungskreise und Buchungskreise werden vorhandene Bestände einheitlich bewertet. Eine diffizile Bewertungssteuerung wird möglich. Die Bewertung selbst kann unter Berücksichtigung von definierten Bewertungsklassen, nach unterschiedlichen Kriterien wie Herkunft oder Zustand erfolgen, wobei Wareneingang, Umbuchungen, Warenausgänge, Rechnungen und Inventurdifferenzen zu automatischen Umbewertungen führen. Dabei können Bewertungsarten als Typen definiert werden, die Bewertungsvorgänge sich an einem Standardpreis oder einem gleitenden Durchschnittspreis orientieren. Eine Preissteuerung wird möglich.

Die laufende Bewertung der Materialien muß automatisch durchgeführt werden; daneben muß die Möglichkeit bestehen, manuell Bewertungskorrekturen vorzunehmen. Die Bewertungsdaten werden im Materialstammsatz abgelegt.

Bei der Bewertung kann man auf verschiedene **Bewertungsstrukturen** zurückgreifen. Die Bewertung erfolgt dabei auf der Ebene des Bewertungskreises, der selbst einem Buchungskreis, so daß für jedes Material alle im Buchungskreis vorhandene Bestände einheitlich bewertet werden, oder aber einem Werk entsprechen kann, so daß für jedes Material der Bestand pro Werk gesondert bewertet wird.

Für jedes Material werden beim Anlegen des Materialstammsatzes die Kriterien für die Materialbewertung festgelegt. Um nicht für jedes Material ein eigenes Bestandskonto führen zu müssen, werden Materialien mit ähnlichen Eigenschaften zu einer Bewertungsklasse zusammengefaßt. Über die Bewertungsklasse findet das System das Bestandskonto für eine Materialbuchhaltung Das System muß darüber hinaus die Möglichkeit bieten, die Bestände eines Materials nach verschiedenen Kriterien getrennt zu bewerten. Solche Kriterien können z.B., Herkunft oder Zustand sein. Der Bewertungstyp legt fest, nach welchem Kriterium unterschieden werden soll.

Zu jedem Bewertungstyp lassen sich Bewertungsarten definieren, die die Ausprägung des Bewertungstyps darstellen, z.B. zum Bewertungstyp Herkunft gibt es die Arten **Inland, EG-Ausland, USA** und **Sonstiges Ausland**.

Die **Preissteuerung** legt fest, ob das Material stets zum gleichen Preis bewertet werden soll (Standardpreis) oder ob Buchungen zu diesem Material den Preis verändern können (Gleitender Durchschnittspreis) Die Daten für die Bewertungssteuerung werden im Materialstammsatz definiert. Die Bewertungsklasse ist Voraussetzung für die Kontenfindung. Bewertungstypen und -arten dienen der getrennten Bewertung von Beständen.

Folgende Erfassungsvorgänge mit Materialbezug können zu einer Änderung der Lagerbestandsmenge und des Lagerbestandswertes führen:

- Wareneingänge
- Umbuchungen
- Warenausgänge
- Rechnungen
- Inventurdifferenzen
- Umbewertungen

Ausgehend vom bei der Bewegungserfassung erzeugten Finanzbuchhaltungsbeleg werden die Wertbuchungen in der Materialwirtschaft erzeugt. Die Art der Buchungen im Beleg, die vom System generiert werden, ist u.a. von der Preissteuerung abhängig. Es gibt zwei Arten der **Preissteuerung** die sich in ihren Merkmalen voneinander unterscheiden:

- **Standardpreis**
    - Alle Bestandbuchungen erfolgen zum Standardpreis.
    - Abweichungen werden auf Preisdifferenzkonten gebucht.
    - Preisänderungen lassen sich überwachen.
    - Der gleitende Durchschnittspreis wird statistisch mitgeführt.
- **Gleitender Durchschnittspreis**
    - Alle Materialzugänge werden mit den Zugangswerten gebucht.
    - Der Preis im Materialstammsatz wird permanent an Einstandspreise angepaßt.
    - Preisdifferenzen kommen nur bei Bestandsunterdeckung vor.
    - Manuelle Preisänderungen sind im allgemeinen nicht erforderlich.

7.3.8 Rechnungsprüfung

Die Rechnungsprüfung verfügt über umfassende Informationen von Einkauf und Wareneingang und in die Finanzbuchhaltung eingebunden. Eine schnelle und sichere Bearbeitung ist dadurch gewährleistet. Es herrscht Klarheit darüber, was zu zahlen ist und welche Abzüge möglich sind.

Zum einen greift die Rechnungsprüfung als Teil der Materialwirtschaft auf die Daten aus den vorgelagerten Arbeitsgebieten Einkauf und Wareneingang zurück, zum anderen gibt sie anhand des Belegs, der beim Buchen einer Rechnung erzeugt wird, Informationen an die Finanzbuchhaltung, Controlling und Anlagenwirtschaft weiter.

Die Rechnungsprüfung hat die Aufgabe, eingehende Rechnungen sachlich, rechnerisch und preislich auf Richtigkeit hin zu prüfen. Dazu ist es wichtig, einen möglichen Bezug zu einer Bestellung oder einem Wareneingang herzustellen. Mit dem Buchen der Rechnung erzeugt das System einen offenen Posten auf dem Kreditorenkonto, den die Finanzbuchhaltung mit einer entsprechenden Zahlung ausgleicht.

7.3.9 Lagerverwaltung

EDV-Unterstützung bei der Organisation und Verwaltung von Lagern ist für den pünktlichen und effizienten Ablauf aller Logistikvorgänge innerhalb einer Firma unentbehrlich geworden.

Folgende Aufgaben müssen dabei unterstützt werden:

- ▶ Verwaltung von hochkomplexen Lagerstrukturen und verschiedenen Arten von Lagereinrichtungen, wie z.B. automatischen Lägern, benutzerindividuell eingerichteten Lagertypen, Hochregallägern, Blocklägern, Festplatzlägern und den übrigen häufig verwendeten Lagerungsarten
- ▶ Definition und Anpassung verschiedener Lagerplätze an die Anforderungen Ihres speziellen Lagerkomplexes
- ▶ Bearbeitung aller relevanten Buchungen und Vorgänge wie Wareneingänge, Warenausgänge, Lieferungen, interne und externe Umlagerungen, automatischer Nachschub für Festlagerplätze, Materialbereitstellung für Produktionsbereiche und Bearbeitung von Bestandsdifferenzen
- ▶ Nutzung von chaotisch geführten Plätzen für verschiedene Werke in einem voll integrierten Lager
- ▶ Optimierung des Kapazitäts- und Materialflusses durch Verwendung von Lagereinheiten im Lager
- ▶ Überwachung und Anzeige der Lagerbestände und Übersicht über sämtliche Lagerbewegungen durch Lagercontrolling
- ▶ Implementierung von Einlagerungs- und Auslagerungsstrategien einschließlich benutzerdefinierter Strategien
- ▶ Einlagerung und Auslagerung von Gefahrstoffen und aller anderen Materialien, die eine Sonderbehandlung erfordern

- Bearbeitung mehrerer Transportbedarfe und Lieferungen im Sammelgang
- Führen von aktuellen Bestandsdaten auf Lagerplatzebene mit Rückmeldungen von Transporten
- Archivierung der Daten für Warenbewegungen und für die Inventur
- Verwendung von Barcode-Scannern, MDE-Technik, automatisierten Einlagerungs- und Auslagerungssystemen und automatisierten Gabelstaplerleitsystemen für alle Lagerbewegungen mit Hilfe einer automatisierten Schnittstelle zur Lagersteuerung

7.3.10 Checkliste

☑ Checkliste Materialmanagement	Kommentar
☐ **Disposition**	
☐ Disposition aus dem Projekt	
☐ Terminfestlegung durch Projektmanagementsystem	
☐ Vorabbestellungen	
☐ Bedarfsauflösung Material	
☐ Freigabeverfahren festlegen	
☐ Lieferung von Komponenten und Baugruppen	
☐ Zuordnung von Stücklistenpositionen	
☐ Berücksichtigung von Stücklistenänderungen	
☐ Berücksichtigung von Lieferterminen	
☐ Montagepositionen	
☐ Materialdisposition Standardteile	
☐ Planung: Nettobedarfsrechnung – Losgrößenberechnung – Terminierung – Ermittlung von Bestellvorschlägen – Erstellung von Ausnahmemeldungen	
☐ Dispoverfahren: Bestellpunktdisposition – Stochastische Disposition – Rhythmische Disposition	

☑ Checkliste Materialmanagement	Kommentar
☐ **Einkauf**	
☐ Bedarfsermittlung	
☐ Ermittlung der Bezugsquellen	
☐ Lieferantenauswahl	
☐ Bestellabwicklung	
☐ Bestellüberwachung	
☐ **Lieferantenbeurteilung**	
☐ Hauptkriterien	
☐ Preis	
☐ Qualität	
☐ Lieferung	
☐ Service	
☐ Auswertungen	
☐ **Wareneingang**	
☐ Was soll erfaßt werden	
☐ Menge (Unter-, Überlieferung)	
☐ Qualitätsprüfung	
☐ Integration Einkauf	
☐ Integration Lager	
☐ Integration Finanzbuchhaltung	
☐ **Bestandsführung**	
☐ Aufgaben	
☐ Mengen- und wertmäßige Führung der Materialbestände	
☐ Planung, Erfassung und Nachweis aller Warenbewegungen	
☐ Durchführung der Inventur	

☑ Checkliste Materialmanagement	Kommentar
☐ **Inventur**	
☐ Festlegung Inventurverfahren	
☐ Stichtag	
☐ Permanent	
☐ Stichproben	
☐ Erfassungshilfen festlegen	
☐ **Materialbewertung**	
☐ Bewertungsstrukturen festlegen	
☐ Bewertungsebene	
☐ Bewertungssteuerung	
☐ Laufende Bewertung	
☐ Bewertungsvorgänge	
☐ Standardpreis	
☐ Gleitender Durchschnittspreis	
☐ **Rechnungsprüfung**	
☐ Vorgang festlegen	
☐ Integration zu Wareneingang	
☐ Integration zu Einkauf	
☐ Integration zu Controlling	
☐ **Lagerverwaltung**	
☐ Verwaltung von Lagereinrichtungen	
☐ Definition verschiedener Lagerplätze	
☐ Bearbeiten der Buchungen und Vorgänge	
☐ Optimieren des Kapazitäts- und Materialflusses	
☐ Übersicht Lagerbestände, Lagerbewegungen	
☐ Einlagerung- und Auslagerungsstrategie	
☐ Transportbedarfe und Lieferungen	

☑ Checkliste Materialmanagement	Kommentar
☐ Führen von aktuellen Bestandsarten	
☐ Archivierung der Daten zu Warenbewegungen und Inventur	

7.4 Vorabnahme

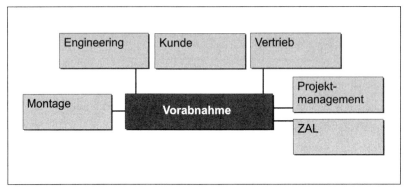

Abbildung 7.23 Vorabnahme

Die Vorabnahme des fertiggestellten Produktes erfolgt am Fertigungsstandort unter realistischen Einsatzbedingungen, d.h. unter Simulation des Produktionsfalles, wobei der Kunde mit einbezogen werden kann. Dabei wird das Lastenheft auf Erfüllung der vertraglich festgelegten Leistungen hin sukzessive abgearbeitet. Die Vorabnahme wird in einem Abnahmeprotokoll dokumentiert.

Realistische Tests sind möglich, wodurch die Störmöglichkeiten bei der Endabnahme minimiert werden. Zudem sorgt die komplette Abarbeitung des Lastenhefts für eine hohe Kundenzufriedenheit.

7.5 Versand

Die gesamte Versandabwicklung wird besonders für den Anlagen- und Sondermaschinenbau zunehmend wichtiger. Neben der genauen Terminplanung für einen weltweiten Transport, der ja eine Kombination von Straße, Wasser, Luft und Schiene (oftmals sind auch noch Schwertransporte mit einzukalkulieren) verlangt, sind auch die verschiedensten Verpackungseinheiten (Stücklistenposition nicht gleich Verpackungsposition) mit den dazugehörenden Papieren schwierig abzuwickeln.

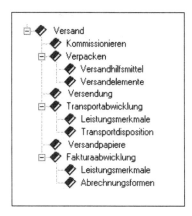

Abbildung 7.24 Die Geschäftsprozesse des Versands

Die Versandabwicklung muß sich an unternehmensspezifische Bedürfnisse durch flexible Lieferungsbearbeitung anpassen. Sie hat für eine Kommissionier-, Pack-, Lade- und Transportfunktionalität für umfassende Versandlösungen zu sorgen und ist darüber hinaus für eine Sicherstellung der Termintreue durch Überwachung der Liefertermine zuständig. Sie unterstützt einen effizienten Informations- und Warenfluß durch flexible Nachrichten.

Hinsichtlich des normalen Liefervorgangs bedarf es bei der Versandabwicklung einiger Vorabentscheidungen, in denen allgemeine Vereinbarungen mit Kunden berücksichtigt, spezielle Anforderungen der Materialien festgehalten und Versandbedingungen im Auftrag festgelegt werden. Dies ermöglicht eine effiziente und weitestgehend automatische Versandabwicklung. Manuelle Eingriffe sind nur unter bestimmten Umständen erforderlich, wenn eine Entscheidung zu treffen ist.

Die Versandabwicklung umfaßt folgende Aktivitäten:

▶ Anstoß der Versandabwicklung durch Erstellung von Lieferungen
▶ Planung und Überwachung des Arbeitsaufwands, der für jeden Schritt innerhalb der Versandabwicklung erforderlich ist
▶ Überwachung der Verfügbarkeit eines Materials und Rückstandsbehandlung
▶ Kommissionierung
▶ Verpacken
▶ Bereitstellung aktueller Informationen für die Transportdisposition
▶ Druck und Übermittlung der Versandpapiere
▶ Unterstützung des Außenhandels
▶ Aktualisierung von Informationen beim Warenausgang
▶ Überwachung der Lieferung bis zum Wareneingang beim Kunden

In der **Lieferung** werden Informationen zur Versandplanung hinterlegt, der Status von Versandaktivitäten wird überwacht, und die im Laufe der Versandabwicklung gewonnenen Daten werden festgehalten. Dadurch werden optimaler Kundenservice und eine kosteneffiziente Bearbeitung der Lieferungen gewährleistet. Die Lieferung umfaßt alle für den Anstoß und Abschluß der Versandaktivitäten erforderlichen Daten.

Kundenaufträge können nach Bedarf oder aufgrund von Vereinbarungen mit dem Kunden in mehrere Lieferungen aufgeteilt werden, z.B. weil es sich um unterschiedliche Warenempfänger oder mehrere Liefertermine handelt. Darüber hinaus können verschiedene Kundenaufträge zu einer Lieferung zusammengefaßt werden, um die Kosten zu minimieren.

7.5.1 Kommissionierung

Die Kommissionierung findet nach der Demontage des Projektes statt. Alle Komponenten müssen über eine Kommissionierliste zusammengestellt und nach Verpackungseinheiten bereitgestellt werden. Bei der Kommissionierung müssen alle Teile quittiert und mit der Auftragsstückliste abgeglichen werden. Eine umfassende Übersicht erlaubt die rasche Kommissionierung aus der Auftragsstückliste.

7.5.2 Verpacken

Beim Verpacken wird sowohl die ordnungsgemäße Verpackung sicher- als auch deren Gewicht und Volumen festgestellt. Die Verpackungsmittel können dabei jederzeit aktualisiert werden. Komplette Verpackungsinfos lassen sich für den Kundenservice nutzen, das Wissen um den Verbleib des Materials bringt bei Kundenreklamationen große Vorteile. Darüber hinaus ist eine permanente Pflege des Leihgutkontos des Kunden wie des Spediteurs möglich.

Der Zugriff auf die Verpackungsdaten einer Lieferung kann bei bestimmten betriebswirtschaftlichen Anforderungen hilfreich oder sogar obligatorisch sein. Mit der Verpackungsfunktionalität im System ist es möglich,

- ▶ die Verpackungsinformationen zu nutzen, um die Bestandsführung für Verpackungshilfsmittel zu aktualisieren
- ▶ die Verpackungsinformationen zu nutzen, um das Leihgutkonto des Kunden oder Spediteurs zu aktualisieren
- ▶ die Verpackungsinformationen als Teil des Kundenservices anzubieten
- ▶ einen Überblick darüber zu erhalten, welches Material in welchen Containern verpackt wurde, für den Fall, daß der Kunde eine unvollständige Lieferung reklamiert

- die Einhaltung von Beschränkungen hinsichtlich Gewicht oder Volumen sicherzustellen
- die ordnungsgemäße Verpackung von Materialien sicherzustellen

Das System kann an unternehmensspezifische Anforderungen angepaßt werden, indem Bedingungen für das Verpacken festgelegt werden und Materialien z. B. als verpackungspflichtig gekennzeichnet werden.

Für jedes **Versandhilfsmittel** werden Materialstammdaten gepflegt wie z. B. die Versandhilfsmittelart und die Materialgruppe des Versandhilfsmittels, zulässiges Verpackungsgewicht und -volumen, Faktor der Stapelbarkeit, Toleranzgrenzen bei Übergewicht und zu großem Volumen sowie der Füllgrad.

Im System werden Verpackungsdaten in sogenannten **Versandelementen** hinterlegt. Ein Versandelement seinerseits ist eine Kombination aus Materialien, Versandhilfsmittel oder auch von Versandelementen, die zusammen verpackt und versendet werden. Ein Versandelement kann entsprechend den jeweiligen Verpackungs- und Versandanforderungen erstellt werden, d. h., es kann sowohl ein kleines Packstück sein als auch eine Palette mit Kartons oder sogar eine LKW-Ladung mit Paletten. Der Etikettendruck erleichtert die Abwicklung der Aktivitäten im eigenen Lager oder im Lager des Kunden.

Verpackungsinformationen können entsprechend der jeweiligen betriebswirtschaftlichen Anforderung auf verschiedene Arten festgehalten werden. In der Automobilindustrie wird z. B. die Verpackung eines Materials durch den Kunden im Lieferplan vorab festgelegt. Bei der Lieferungserstellung wird diese Verpackungsanweisung verwendet, um einen Verpackungsplan oder einen Vorschlag für die Lieferung zu erstellen. Manuelle Dateneingabe ist nur dann erforderlich, wenn eine Abweichung vom Plan erwünscht ist. In der Lieferung können Verpackungsinformationen manuell eingegeben werden. Für das Lager kann ein Verpackungsvorschlag einschließlich Verpackungshilfsmittel und speziellen Einschränkungen definiert werden. Die Verpackungsdaten zu einem Material können auch nach dem Verpacken festgehalten werden, indem die Detaildaten im System ausgewählt werden. In einem vollautomatisierten Lager können Verpackungsinformationen mit Hilfe eines Barcode-Scanners festgehalten werden. Diese Informationen können im System über eine Schnittstelle in die Lieferung übertragen werden. Unabhängig von der verwendeten Verpackungsmethode unterstützt die Versandabwicklung die Planung, Durchführung und Überwachung des Verpackungsvorgangs.

7.5.3 Versendung

Der korrekte Versand kann durch eine Vollständigkeitsprüfung und eine Verfügbarkeitsprüfung sichergestellt werden. Gewicht und Volumen werden automatisch ermittelt und münden in eine Generierung von Verpackungsvorschlägen, wobei auch Teillieferungen möglich sind. Darüber hinaus steht eine automatische Routenermittlung zur Verfügung. Exportrelevante Daten können extrahiert werden und eine Versandterminierung sowie einen Chargenfindung ist möglich. Etwaige Veränderungen können über eine Aktualisierung des Auftragsstatus berücksichtigt werden.

Die Versandaktivitäten werden mit der Erstellung einer Lieferung angestoßen. Da alle für die Versandabwicklung benötigten Informationen bereits vorhanden sind, weil sie ja aus dem Kundenauftrag oder den Stammsätzen übernommen wurden, kann eine Lieferung normalerweise ohne manuellen Aufwand im System erstellt werden. Bei der Lieferungserstellung werden folgende Aktivitäten vom System ausgeführt:

- Überprüfung des Auftrags und der Materialien daraufhin, ob eine Lieferung möglich ist (Liefersperre, Unvollständigkeit, usw.)
- Ermittlung der versandfälligen Materialien und Mengen mit einer sich anschließenden Verfügbarkeitsprüfung. Da sich die Bestandssituation seit der Durchführung der Verfügbarkeitsprüfung im Kundenauftrag möglicherweise geändert hat, kann eine erneute Verfügbarkeitsprüfung in der Lieferung notwendig werden und auch erfolgen.
- Ermittlung von Gewicht und Volumen
- Berechnung des Arbeitsaufwands
- Verpackungsvorschlag
- Berücksichtigung von Vereinbarungen mit dem Kunden bezüglich Teillieferungen. Manche Kunden akzeptieren eine bestimmte Anzahl von Teillieferungen pro Auftrag, während andere Kunden auf Vollieferung bestehen. Flexible Funktionen bei der Versandabwicklung berücksichtigen die Kundenwünsche sowie die jeweilige Bestandssituation.
- Neuermittlung der Route. Mit Hilfe der Route können Lieferungen mit gleichem Abgangs- oder Zielort sowie Verkehrsmittel zusammengefaßt werden. Dies betrifft die Lieferungsbearbeitung und die Transportdisposition.
- Hinzufügen exportrelevanter Informationen
- Überprüfung der Versandterminierung und Anpassung der Termine
- Zuordnung eines Kommissionierlagerorts
- Chargenfindung (falls das Material chargenpflichtig ist)

- Anstoßen eines Prüfloses im System QM (Qualitätsmanagement), falls erforderlich
- Aktualisierung der Daten im Kundenauftrag und Änderung des Auftragsstatus

7.5.4 Transport

Eine effiziente Transportabwicklung setzt eine funktionierende Transportdisposition und -abfertigung voraus. Sie ist für die Auswahl der Verkehrsmittel und die Organisation der Transporte zuständig und überwacht sie mit Hilfe des Informationssystems. Die Flexibilität bei der Auswahl der jeweils besten Lösung für ein Unternehmen wird mit Hilfe von Schnittstellen zu anderen Systemen sichergestellt.

Transportabwicklung, -abfertigung und -überwachung gestalten sich mit Unterstützung von IT äußerst effizient. Dabei können Lieferungen zusammengefaßt werden. Für jede Lieferung ist die jeweils beste Transportlösung wählbar, und es erfolgt ein automatisches Erstellen von transportrelevanten Texten.

Der Bereich Transport ist ein wesentliches Element der Logistikkette. Eine effiziente Transportdisposition ist erforderlich, um sicherzustellen, daß Transporte pünktlich versandt werden und planmäßig beim Kunden eintreffen. Außerdem trägt sie dazu bei, die Transportkosten niedrig zu halten. Die Transportdispositionsstelle ist die zentrale organisatorische Einheit im Transport. Mit ihrer Hilfe können alle für den Transportvorgang erforderlichen Aktivitäten einer Personengruppe zugeordnet werden. Diese Gruppe wird innerhalb der Versandabteilung definiert. Jeder Transport wird genau einer bestimmten Transportdispositionsstelle zugeordnet.

Die **Transportdisposition** wird mit folgenden Aufgaben betraut:

- Zusammenfassung von ähnlichen Lieferungen/Lieferavis zu einem Transport
- Festlegung von Versandterminen
- Ermittlung von Verkehrsmitteln und Transporthilfsmitteln
- Zuordnung von Dienstleistern
- Erstellung von transportrelevanten Texten/Anmerkungen
- Angabe und Versenden von Nachrichten
- Organisation des Transports
- Angabe einer Route und Festlegung der Transportabschnitte, die diese Route abdecken
- Überwachung der Transporte

7.5.5 Versandpapiere

Alle erforderlichen Versandpapiere wie Lieferschein, Lieferavis, Kommissionierliste und Ladeliste müssen im System gedruckt, alle Papiere für Extrastat und Intrastat automatisch generiert werden. Der Zeitpunkt des Drucks kann individuell festgelegt werden. Das System muß so eingestellt werden können, daß der Druck nach der Buchung des entsprechenden Vorgangs im System zu einem vorgegebenen Zeitpunkt oder periodisch, z.B. alle zwei Stunden, erfolgt. Die Möglichkeit der Umleitung auf andere Ausgabemedien wie Telex, Telefax oder E-Mail ist dabei selbstverständlich. Das gilt auch für die Versendung von Nachrichten über EDI bei der Kommunikation mit internen und externen Partnern.

7.5.6 Fakturierung

Die Fakturierung sollte Rechnungen durch Datenübernahme aus Auftrag und Lieferung automatisch erstellen und über eine umfassende Funktionalität zur Rechnungs-, Gutschriften-, Lastschriften- und Bonusbearbeitung sowie darüber hinaus über Preisfindungsfunktionen verfügen. Die Gut- und Lastschriftsabwicklung muß in den Vertriebsprozeß integriert sein. Eine automatische und konsistente Integration mit dem Rechnungswesen zu einem Ganzen ist dabei unabdingbar.

Es erfolgt eine automatische Rechnungsstellung ebenso wie eine automatische Rechnungs-, Gutschriften-, Lastschriften- und Bonusbearbeitung. Die Gut- und Lastschriftenabwicklung ist integriert, ein automatische Preisfindungsfunktionen können genutzt werden. Faktura und Rechnungswesen sind ineinander integriert.

Die Fakturierung bildet den Abschluß eines Geschäftsvorfalls im Vertrieb. In der Auftragsbearbeitung und der Lieferungsbearbeitung sind Informationen zur Fakturierung eines Vorgangs jederzeit verfügbar. Die Finanzbuchhaltung und das Controlling greifen unmittelbar auf Daten aus der Faktura zurück, um z.B. in der Ergebnisrechnung Auswertungen nach Sparte, Kunde, Material oder auch nach beliebigen Marktsegmenten durchführen zu können. Bei der Fakturierung müssen die folgenden Funktionen unterstützt werden:

▶ Erstellen von Rechnungen aufgrund von Lieferungen und Aufträgen

▶ Erstellen von Gut- und Lastschriften aufgrund von Gut- bzw. Lastschriftsanforderungen

▶ Erstellen von Proformarechnungen aufgrund von Aufträgen oder Lieferungen

▶ Stornieren von Fakturen

▶ Erstellen von Gutschriften aufgrund von Retouren

▶ Anlegen von Gutschriften aufgrund von Abrechnungen zu Bonusabsprachen

- Erstellen von Rechnungslisten aufgrund von Rechnungen
- Unmittelbare Fortschreibung von Finanzbuchhaltungs- und Controllingdaten

Mit dem System müssen in Abhängigkeit der Kundenanforderungen verschiedene **Abrechnungsformen** genutzt werden. Das Fakturierungsverfahren wird über die Rechnungstermine des Kunden bestimmt. Für jeden Kunden kann ein eigener Rechnungskalender geführt werden. Im System müssen folgende Abrechnungsformen möglich sein:

- Separate Rechnung für jede Lieferung
- Sammelrechnung für mehrere Lieferungen
- Gesplittete Rechnung für eine Lieferung

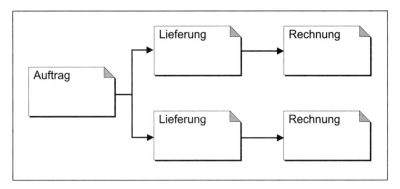

Abbildung 7.25 Pro Lieferung separate Rechnung

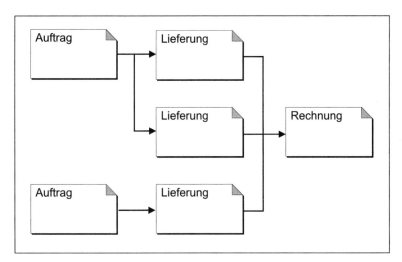

Abbildung 7.26 Sammelrechnung

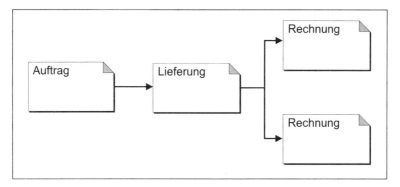

Abbildung 7.27 Gesplittete Rechnung

7.5.7 Checkliste

☑ Checkliste Versand	Kommentar
☐ **Kommissionierung**	
☐ Kommissionieranweisung	
☐ Lagerauftrag	
☐ Montageauftrag nach Versandstückliste	
☐ Quittierung	
☐ Lieferung	
☐ Versandstelle	
☐ Einzelkommissionierliste	
☐ Sammelkommissionierliste	
☐ Transportauftrag	
☐ **Verpacken**	
☐ Verpackungsanweisung	
☐ Bestandsführung für Hilfsmittel	
☐ Vorschlag erlaubter Versandhilfsmittel	
☐ **Versand**	
☐ Versandprozeß	
☐ Bezug Auftrag – Lieferung	

☑ Checkliste Versand	Kommentar
☐ **Transport**	
☐ Dispo	
☐ Termine	
☐ Verladen in der Transportbearbeitung	
☐ Abschnitte im Transportbeleg	
☐ Einzeltransport	
☐ Sammeltransport	
☐ Streckenermittlung	
☐ gemäß Abfahr- und Anfahrreihenfolge	
☐ Streckenermittlung Konsolidierung	
☐ Streckenermittlung Konvoi	
☐ Transportweg – Transportnetz	
☐ Transportkette	
☐ Funktionaler Ablauf	
☐ **Papiere und Meldungen**	
☐ Meldungen an Behörden	
☐ Versenden EU-Staaten – Intrastat	
☐ Export in nicht EU-Staaten – Extrastat	
☐ Export Faktura	
☐ **Faktura**	
☐ Fakturanten	
☐ Abrechnungsformen	
☐ Auswirkungen der Faktura-Erstellung	
☐ Fakturierungsplan für Teilfakturierung	
☐ Ratenplan	

8 Die Geschäftsprozesse des kaufmännischen Managements

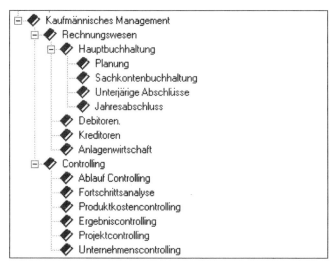

Abbildung 8.1 Geschäftsprozesse des kaufmännischen Managements

8.1 Rechnungswesen

Das Rechnungswesen leistet mit dem Finanzmanagement einen entscheidenden Beitrag zur Führung eines Unternehmens. Die Aufbereitung betriebswirtschaftlicher Informationen sind für strategische Unternehmensentscheidungen von großer Bedeutung.

Die Geschäftsprozesse des Rechnungswesens gliedern sich in Hauptbuchhaltung, Kreditorenbuchhaltung, Debitorenbuchhaltung und Anlagenbuchhaltung.

8.1.1 Hauptbuchhaltung

Für aussagefähige Bilanz-, GuV-Analysen sind die verschiedenen Formen von Plan/Ist-Vergleichen der Bilanz/GuV von erheblicher Bedeutung. Deshalb ist eine Planung, die den folgenden Anforderungen genügt, von größter Wichtigkeit:

▶ Sie sollte Buchungskreis, Geschäftsbereich und Sachkontennummer umfassen.
▶ Sie sollte nach Periodenaspekten detaillierbar sein.
▶ Sie sollte alle relevanten Parameter einschließlich der Währung berücksichtigen.
▶ Sie sollte die unterschiedlichsten Versionen speichern.

Die Planung erfolgt innerhalb eines Buchungskreises auf Konten und/oder auf einer Kombination von Konto und Geschäftsbereich. Abbildung 8.3 gibt die Gesamtstruktur mit Konzerncharakter wieder.

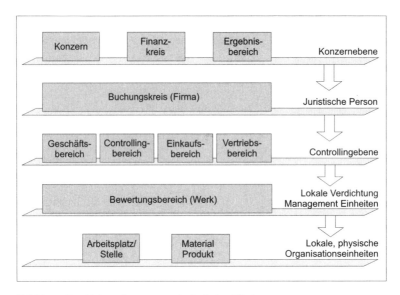

Abbildung 8.2 Unternehmensorganisatorische Gliederung

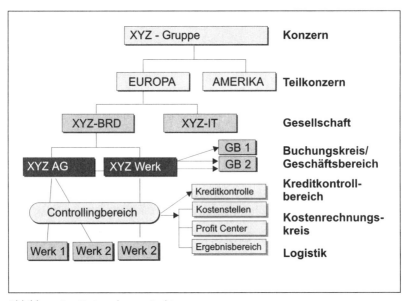

Abbildung 8.3 Unternehmensstruktur

Jeder buchungsrelevante Vorgang ist im verursachenden Bereich des Unternehmens unter Berücksichtigung aller gültigen Buchungsregeln zu erfassen. Nur am Ursprungsort der Daten lassen sich alle erforderlichen Inhalte genau, zuverlässig und vollständig festhalten und aufzeichnen. Die damit zum Ausdruck kommende Datenhoheit führt letztlich zur verursachungs- und verantwortungsorientierten Überwachung aller Unternehmenseinheiten.

Buchungsfälle des Hauptbuches können wie folgt entstehen:

- Abgeleitet aus operativen Vorgängen (z.B. Warenabgang erzeugt Abgangsbuchung)
- Aus Buchungsvorgängen der Nebenbücher (Anlagenzugang im Anlagenvermögen).
- Aufgrund im Hauptbuch originalkontierter Vorgänge

Gleichzeitig lassen sich die wechselseitigen Beziehungen zum Controlling und dessen Komponenten berücksichtigen. Umfang und Art der integrierten Systeme legen damit Erfassungs-, Kontierungs- und Verbuchungsprinzip der Geschäftsvorfälle fest. Entscheidend ist, daß die Buchungsbelege aus den operativen Vorgängen mit den Originaldaten und -kontierungen versorgt werden und über die Nebenbuchhaltung im Hauptbuch synchron ihren Niederschlag finden.

Die **Tagesabschlüsse** werden ohne zusätzliche Buchungsaktivitäten erstellt. Nach Abschluß der Buchungseingaben erhält man folgende Auswertungen:

- Den tagesgenauen Kontenendstand nach Einzelposten und Verkehrszahlen
- Den chronologisch oder aber individuell sortiert aufbereiteten Buchungsstoff eines oder mehrer Buchungstage

Diese journalisierte Belegausgabe ist eine wesentliche Prüf- und Abstimmfunktion der laufenden Buchungsstoffeingabe und unterstützt die Abschlüsse einzelner Perioden hinsichtlich abzugrenzender Buchungsinhalte. Grundsätzlich ist es möglich, je Buchungskreis und Kontenbereich zwei offene Buchungszeiträume zu definieren.

Im Rahmen des **Monatsabschlusses** ist das periodische Vorbereiten des Buchungsstoffes für den Jahresabschluß erlaubt. Der **Jahresabschluß** kann auf einen Monatsabschluß aufbauen.

Als wichtige Geschäftsprozesse bei der Bilanzkorrektur seien die folgenden benannt:

- Buchungsperioden abschließen
- Offene Posten und Salden in Fremdwährungen bewerten

- Zahlungseingänge und -ausgänge (einschließlich aller offenen Posten) nach Fälligkeit rastern
- Debitorische Kreditoren bzw. kreditorische Debitoren ermitteln
- Umbewertungen, Korrekturen und Abgrenzungen buchen
- Bilanz und GuV drucken

Eine Vielzahl weiterer Reports unterstützen die Abschlußarbeiten in allen Phasen bis zur fertigen Bilanz und GuV. Genannt seien hier die folgenden:

- Buchungssummen
- Kontokorrentschreibung
- Bestandskontensalden mit mehrfachem Übertrag auch nach Beginn des neuen Geschäftsjahres übertragen
- Permanentes Anpassen der Saldenvorträge bei Buchungen ins alte Jahr.

Weitere Standardreports, auch aus dem Bereich des Kontokorrents, stehen für überwachende Analysen als Bindeglied zwischen laufender Geschäftsbuchhaltung und Abschlußbuchhaltung zur Verfügung.

Wichtige Auwertungen im Rahmen des Hauptbuches sind:

- Kontoauszüge
- Bilanz/GuV
- Hauptbuch
- Umsatzsteuervoranmeldung
- Belegjournal
- Buchungssummen
- Einzelposten-Journal

8.1.2 Debitorenbuchhaltung

Die rationelle Überwachung und Steuerung des Kundenbestandes übernimmt im Finanzwesen die Debitorenbuchhaltung. Die Verfolgung der offenen Posten erleichtert das System mit Kontoanalysen, Alarmreports, Fälligkeitsrastern sowie einem flexiblen Mahnwesen. Der damit verbundene Schriftverkehr läßt sich firmenindividuell gestalten. Letzteres gilt auch für Zahlungsmitteilungen, Saldenbestätigungen oder Kontoauszüge. Zahlungseingänge müssen über komfortable Erfassungsfunktionen oder aber automatisch per Datenfernübertragung den fälligen Forderungen zugeordnet werden. Das Zahlungsprogramm muß sowohl Lastschriftverfahren als auch Auszahlungen automatisieren.

Schnittstellen zum Vertrieb und zu kundenspezifischen Sichten in der Ergebnisrechnung verknüpfen Finanz- und Ergebnisseite eines Vorgangs miteinander. Kreditmanagement, Liquiditätsplanung und Deckungsbeitragsrechnung erhalten dadurch stets aktuelle und abgestimmte Informationen.

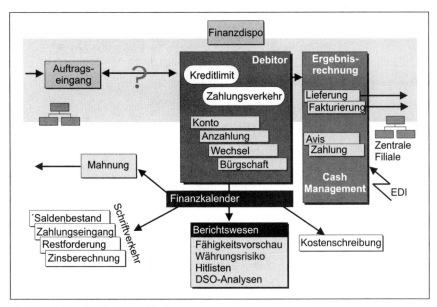

Abbildung 8.4 Debitorenbuchhaltung

8.1.3 Kreditorenbuchhaltung

Die Kreditiorenbuchhaltung verwaltet die buchhalterischen Daten aller Lieferanten. Sie ist aber auch integraler Bestandteil des Beschaffungsprozesses. Sie bildet für den Einkauf eine wichtige Informationsquelle über Werte aus Lieferungen, Rechnungen und Zahlungen.

Zahlungen müssen unter maximaler Skontoausnutzung in Formularform oder auf elektronischem Wege (EDIFACT; EDI) reguliert werden. Dabei werden alle international gebräuchlichen Zahlungswege unterstützt. Für die Verfolgung offener Posten stehen dem Anwender Kontoanalysen, Fälligkeitsvorschauen und Risikobetrachtungen (Fremdwährungen) zur Verfügung. Kontenschreibung, Saldenlisten oder Journale dokumentieren die Vorgänge in der Kreditorenbuchhaltung.

8.1.4 Anlagenwirtschaft

Neue Rahmenbedingungen kennzeichnen veränderte Anforderungen an die Anlagenwirtschaft: fortschreitende Automatisierung der Produkte, steigende Qualitätsansprüche, komplexere Anlagen und wachsende Auflagen der Gesetzgeber.

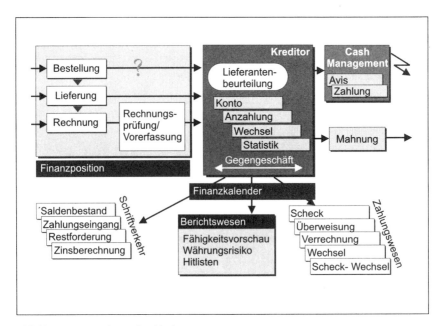

Abbildung 8.5 Kreditorenbuchhaltung

Mit der Anlagenbuchhaltung müssen die gesetzlichen Vorschriften zur Bewertung und Berichtslegung aller wichtigen Industrieländer abgedeckt werden. Zugänge, Abgänge, Umbuchungen, Abschreibungen und Zuschreibungen werden erfaßt, berechnet und verarbeitet. Neben den gesetzlichen Vorschriften für die Bewertung von Anlagen muß der Anwender für das Controlling beliebig viele Abschreibungs- und Bewertungsmethoden definieren.

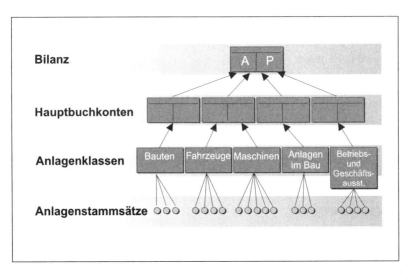

Abbildung 8.6 Strukturen der Anlagenwirtschaft

Im Berichtswesen ergänzen Möglichkeiten zu internen Auswertungen von Kennzahlen und Ranglisten beachtenswerter Objekte das Pflichtreporting. Ein Beitrag zur Optimierung der betriebswirtschaftlichen Planung muß die freie Simulation der Bewertungsparameterleisten. Die Simulationsrechnung liefert dabei eine variable Vorausschau in die Zukunft unter Einbeziehung von realisierten und geplanten Investitionen.

8.1.5 Checkliste

☑	Checkliste Rechnungswesen	Kommentar
☐	**Struktur**	
☐	Aufbau Unternehmensorganisation, Statische Gliederung	
☐	Unternehmensorganisation	
☐	**Überblick Rechnungswesen**	
☐	Debitorenbuchhaltung	
☐	Debitoren	
☐	Kreditorenbuchhaltung	
☐	Kreditoren	
☐	**Integration Rechnungswesen**	
☐	Integrierte Infobereitstellung	
☐	**Anlagenwirtschaft**	
☐	Investitionsmanagement	
☐	Investitionsprogramm – Planung und Budgetierung	
☐	Investitionsmaßnahmen – Auftrag	
☐	Anlagenwirtschaft-Strukturen	
☐	Anlagenarten	

8.2 Controlling

Erst ein integriertes Controllingsystem ermöglicht im Maschinen- und Anlagenbau die gesicherte und rechtzeitige Erkenntnis, wo Gewinn und wo Verlust erwirtschaftet wird. Damit einher geht natürlich die Erkenntnis, ob die Produktwahl richtig war, die Produktion wirtschaftlich ist und die Mitarbeiter effizient arbeiten. Zudem lassen sich präzise Aussagen darüber treffen, ob die Lieferanten den Ansprüchen hinsichtlich Wirtschaftlichkeit und Qualität genügen oder durch andere ersetzt werden sollten.

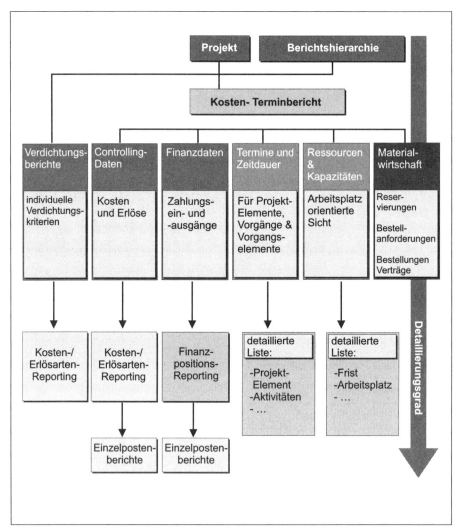

Abbildung 8.7 Ablauf des Controllings

Die Berichtshierarchie der Maschinen und Anlagen wird über Kosten- und Terminberichte festgelegt. In die Controllingdaten fließen Kosten und Erlöse ein. Aus den Finanzdaten sind Zahlungsein- und ausgänge abzulesen. Aus dem Projektmanagementsystem und den Detailstrukturen, Netzplänen und Auftragsstücklisten kommen Termine und Zeitdauer für Elemente und Vorgänge hinzu. Ressourcen und Kapazitäten werden aus dem Produktionsmanagement ermittelt. Aus dem Materialmanagement erhalten wir Reservierungen, Bestellanforderungen, Bestellungen und Verträge. Als Auswertung erhalten wir:

- Kosten- und Erlös-Reporting bis hin zu Einzelpostenberichten
- Finanzpositions-Reporting
- Detaillierte Listen über Elemente und Aktivitäten bis auf die Ebene des Arbeitsplatzes

8.2.1 Fortschrittsanalyse

Besonders im Anlagen- und Sondermaschinenbau gewinnt die Fortschrittsanalyse oder auch die mitlaufende Kalkulation immer mehr an Bedeutung. Das Management und der Projektverantwortliche müssen In einem frühen Stadium über Kosten und Termine rechtzeitig informiert werden. Ziel einer Fortschrittsanalyse ist permanente Ermittlung etwaiger Abweichungen des realen Fertigstellungsgrads vom geplanten. Grafische Auswertungen sind dabei Grundlage für schnelle Entscheidungen, die der negativen Entwicklung, der aus dem Rahmen fallenden Projekte entgegenwirken sollen. Die Bewertung zur Fortschrittsanalyse kann dabei auf zweierlei Weise vorgenommen werden:

- Bottom-up-Ermittlung von der untersten Ebene
- Gewichtung der Leistungswerte

Die Fortschrittsanalyse bedient sich folgender Methoden:

- Meilensteine
- X-Y-Technik (0/100, 20/80, 50/50 ...)
- Schätzen
- Zeitproportinal
- Mengenproportional
- Sekundarproportional

8.2.2 Produktkostencontrolling

Produktkostencontrolling macht eine sichere Preisfindung möglich und erlaubt eine Bewertung der Produkte bis hinunter auf die Teileebene. Zudem sind Ergebnisrechnung und Kostenträgerrechnung schnell verfügbar.

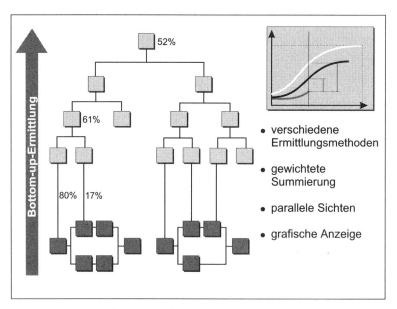

Abbildung 8.8 Fortschrittsanalyse

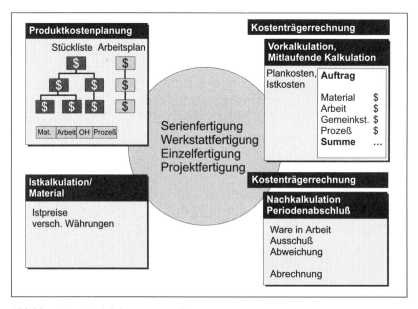

Abbildung 8.9 Produktkostencontrolling

Als Basis für das Produktkostencontrolling dienen die Produktkostenplanung und die Kostenträgerrechnung.

Produktkostenplanung: Das Mengengerüst mit Stückliste und Arbeitsplan und die Bewertungsstruktur, Materialpreis, Preise für Leistungen, Gemeinkosten und Prozesse ergibt die Kalkulation. Das Kalkulationsergebnis bildet sich aus den Kostenelementen (Material, Arbeit, Prozeß), den Kostenarten und dem Einzelnachweis. Das Ergebnis dient der Preisfindung, der Bewertung sowie der Ergebnis- und Kostenträgerrechnung.

Kostenträgerrechnung: Sie umfaßt die Vorkalkulation, die mitlaufende Kalkulation, die Plankosten und Istkosten pro Auftrag bezüglich Material/Arbeit/Gemeinkosten/Prozeßkosten miteinander vergleicht, und die Nachkalkulation, in deren Betrachtung die Ware in Arbeit, der Ausschuß, die Abweichungen und die Abrechnung als Werte einbezogen werden.

8.2.3 Ergebniscontrolling

Ergebniscontrolling macht es möglich, die gesamte, von Ihnen festgelegte Wertschöpfungskette bis ins kleinste Detail in einer Ergebnisrechnung festzuhalten. Die Analysen können sich dabei sowohl auf einzelne Sparten als auch auf bestimmte Regionen beziehen. Im Projektmanagement werden Strukturen, Termine und das Ergebnis festgelegt. Das Unternehmenscontrolling hingegen hat die Festlegung der Ergebnisplanung und des Ergebniscontrolling vorzunehmen. Aus den Strukturen des Projektmanagements läßt sich die Ereignissicht ableiten. Im Unternehmenscontrolling lassen sich Erlöse, Kosten, Waren, Rückstellungen erkennen.

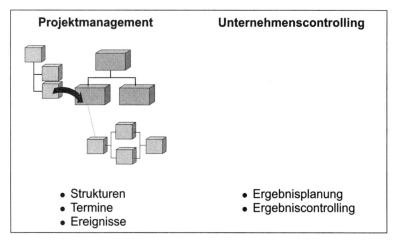

Abbildung 8.10 Ergebniscontrolling

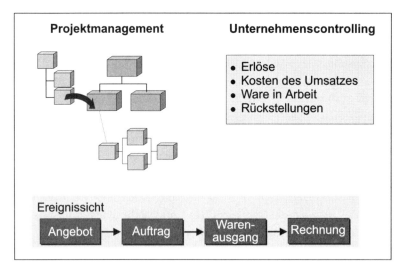

Abbildung 8.11 Unternehmenscontrolling

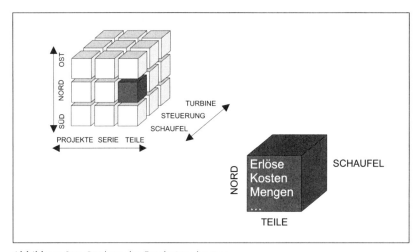

Abbildung 8.12 Struktur der Ergebnisrechnung

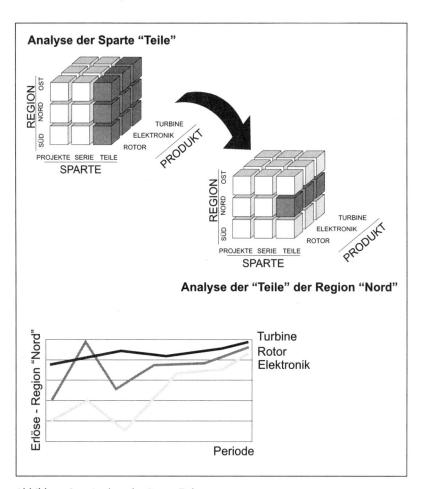

Abbildung 8.13 Analyse der Sparte Teile

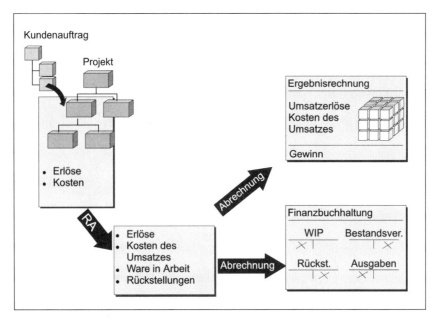

Abbildung 8.14 Ergebnisermittlung

8.2.4 Checkliste

☑ Checkliste Controlling	Kommentar
☐ Kosten/Erlöse	
☐ Finanzposition	
☐ Elemente und Aktivitäten	
☐ **Fortschrittsanalyse**	
☐ Ermittlung permanente Abweichung aus Fertigstellungsgrad	
☐ Grafische Auswertungen festlegen	
☐ Bewertung festlegen	
☐ Methoden zur Fortschrittsanalyse festlegen	
☐ **Produktkostencontrolling**	
☐ Basis	
☐ Produktplankosten	
☐ Kostenträgerrechnung	

☑ Checkliste Controlling	Kommentar
☐ Produktkostenplanung	
☐ **Ergebniscontrolling**	
☐ Festlegen der Struktur der Ergebnisrechnung	
☐ Analyse der Ergebnisrechnung	

9 Modellierungs- und Präsentationstechnik für Geschäftsprozesse

In den Kapiteln 4 bis 8 wurden die Geschäftsprozesse und Rollen eines im Maschinen- und Anlagenbau tätigen Unternehmens ausführlich beschrieben. Die Modellierungs- und Präsentationstechnik setzt sich dabei folgende Ziele:

- Modellieren der unternehmensspezifischen Branchenlösungen
- Darstellung der Geschäftsprozesse und der Rollenstrukturen
- Rollen im Unternehmen aufzuzeigen
- Bildliche Darstellung der Zusammenhänge zwischen den Geschäftsprozessen und Rollen einerseits und den Abläufen andererseits
- Multimedia-Präsentation in jeder Stufe der Geschäftsprozesse zu gewährleisten:
- Einbindung von Texten, Bildern, Videos, Filmen, Sprache und Musik
- Verbindung zum Internet

Zudem muß die Präsentation auf verschiedenen Ebenen unterschiedlich gestaltet werden können, so daß sie sowohl den Manager, der meist nur grobe Zusammenhänge erkennen muß, als auch den Fachspezialisten, der auf seinem Gebiet sehr detaillierte Erklärungen erwartet, zufriedenstellt. Es hat sich aber als sehr schwierig erwiesen, diese umfangreichen Prozesse zu modellieren, darzustellen und zu präsentieren.

Zunächst gilt es, vielfältige und teilweise schwierige Detailprozesse zu beschreiben. Die gesamte Integration muß dargestellt und interpretiert werden. Einzelne Abhängigkeiten verschiedener Prozesse voneinander müssen aufgezeigt, definiert und präzisiert werden. Oftmals stehen zur Erklärung nur Systemmasken zur Verfügung. Präsentationen, die sich mit der Organisation und der zuständigen Software befassen, sind oft nicht nur quälend für den Präsentator, sondern auch für den Zuhörer. Spätestens nach der zehnten Maske geht der Faden verloren, Sinn und Nutzen bleibt für die Entscheider im Dunkeln. Dies ist mit ein Grund, warum Entscheidungsprozesse bezüglich der Organisation und der einzusetzenden Software unerträglich lange währen.

Die nachstehende Präsentationstechnik wurde aus einer Not geboren. Ich hatte die dankbare Aufgabe, kurz nach der Wende in Ostberlin bei einem Anlagenbauer für drei verschiedene Produktreihen die richtige Organisation und die entsprechende Software auszuwählen. Die Zeit drängte, der Termin für die Einführung der neuen geschäftsprozessorientierten Organisation stand, und die Mitarbeiterschaft, inzwischen von zehntausend auf zweitausend reduziert, sollte schnell aktiv werden. Folgendes war dabei vorgegeben:

- Aufzeigen der Kerngeschäftsprozesse aller drei Produktreihen
- Entsprechende Softwarelösungen

Als Rahmenbedingungen wurden noch vorgegeben:

- Es muß so verständlich präsentiert werden, daß alle 32 Teilnehmer (vom Lageristen über den Meister bis hin zum Geschäftsführer, der nebenbei bemerkt von einem bekannten Beraterhaus bestellt wurde) die Zusammenhänge verstehen, die Vorteile und den Nutzen erkennen können.
- Der Zeitrahmen der Präsentation wurde auf drei Stunden begrenzt.

Nebenbei hatte ich erfahren, daß ich die 15. Präsentation vor diesem sehr gemischten 32-köpfigen Gremium abhalten durfte. Hochkarätige Softwarehäuser und Berater waren dabei.

Was war zu tun?

Zunächst mußten vor Ort alle Gegebenheiten der drei Produktlinien aufgenommen werden. Die 14 Firmen, die vor mir präsentierten, hatten schon eine gewisse Vorleistung erbracht. Jetzt war es an der Zeit, die vorhandenen Möglichkeiten der Geschäftsprozesse mit den von mir vorgegebenen Abläufen und der auszuwählenden Software in Einklang zu bringen. Eine wichtige Voraussetzung für das Gelingen unserer Präsentation war noch die Befragung der meisten Teilnehmer hinsichtlich der erwarteten Aufgaben, Vorstellungen, Ängsten und wichtigsten Erwartungen. Mit diesem Berg von Unterlagen und Erfahrungen, die ich vor Ort sammeln konnte, machte ich mich auf den Heimweg.

Die entscheidende Frage, die es zu beantworten galt war die folgende: Wie bringe ich diese unglaubliche Informationsflut in eine Gesamtpräsentation und stelle gleichzeitig sicher, daß die richtigen Aussagen, an der richtigen Stelle, für den richtigen Teilnehmer gemacht werden? Wir waren seit geraumer Zeit auf der Suche nach Präsentationsmethoden und Tools, welche uns die Arbeit erleichtern könnten, und dabei gleichzeitig die folgenden Vorgaben erfüllen:

- Die Strukturen müssen mit Knoten bis auf ein Minimum von sechs Stufen abgebildet werden können.
- Systemmasken, Bilder und Abläufe müssen in die Strukturen und einzelne Knoten eingebunden werden können.
- Verschiedene Präsentationseigenschaften wie zoomen, ausblenden, einblenden etc. müssen unterstützt werden.
- Das Präsentationstool muß, trotz umfangreicher Inhalte, schnellen Zugriff auf die einzelnen Komponenten bieten.

Das einzige, einigermaßen vernünftige Tool, das diesen Anforderungen genügte, war eine Software, welche die IBM für eigene Präsentationen verwendete. Jetzt kam mir ein besonders glücklicher Umstand zugute. Mein Sohn ist ein begnadeter Künstler und hat insbesondere für aussagekräftige Bilder ein gutes Händchen. Sein Hauptinteresse galt aber schon seit seiner frühesten Jugend dem Computer. Mit dieser glücklichen Kombination machte ich mich an die Arbeit:

- Künstler und Computerspezialist
- Verfügbares Präsentationstool
- Komplett aufbereitete Geschäftsprozesse
- Erkennen der Bedürfnisse der einzelnen Teilnehmer
- Erfahrung im Anlagenbau
- Erfahrung mit den Standardabläufen der Geschäftsprozesse im Anlagenbau
- Erfahrung in der Softwareentwicklung im Anlagenbau

Die erste umfassende Präsentation aller Geschäftsprozesse im Anlagenbau war geboren. Der Erfolg meiner Präsentation bei diesem Ostberliner Anlagenbauer – alle 32 Teilnehmer hatten sich schließlich einhellig für die von mir vorgestellte Lösung entschieden – veranlaßte mich, weiter nach besseren verfügbaren Tools für die Präsentationstechnologie zu suchen.

Die Anforderungen, denen ein Präsentationstool genügen muß, werden mit den neuen technischen und optischen Möglichkeiten immer extremer:

- Strukturen müssen dargestellt werden können, ähnlich einem Stücklistenaufbau
- Einbindung von Bildern, Texten, Abläufen, Verzweigungen auf Softwaremasken muß unterstützt werden
- Innerhalb der Strukturen müssen alle Techniken wie Texte, Bilder, Abläufe, Softwaresysteme im Direktzugriff auf jeder Stufe angewendet werden können
- HTML-Formate sollten vorliegen, um den Direktzugriff ins Internet zu gewährleisten
- Große Archivmöglichkeiten sollten vorhanden sein, und es sollte schnell darauf zugegriffen werden können

Bis heute konnte ich kein geeignetes Präsentationstool finden. Kurzentschlossen entwickelte mein Sohn ein eigenes Tool namens **DemoN**. Dessen Funktionen werden in Kapitel 9.1 vorgestellt.

Der Hauptnutzen der Modellierungs- und Präsentationstechnologie besteht darin, daß durch die beschriebenen Rollen und Geschäftsprozesse die Unternehmen im Maschinen- und Anlagenbau in die Lage versetzt werden, ihr eigenes

Branchenmodell zu kreieren und den einzelnen Bildschirmarbeitsplatz seiner Rolle angemessen zu modellieren. Zudem macht die Modellierungs- und Präsentationstechnologie es möglich, einer breiten Schicht, vom Facharbeiter über den Meister oder Gruppenleiter bis hin zum Manager, die komplizierten Zusammenhänge der integrierten Geschäftsprozeßorganisation zu präsentieren und damit zu verdeutlichen.

- Mit der Präsentationstechnologie können Gesamtabläufe mit ihren logischen Verknüpfungen transparent gemacht werden.
- Zusammenhänge werden präzisiert und multimedial dargestellt. Hier kommen Bilder, Texte, Videos, Filme, Musik etc. zum Einsatz.

Die Präsentationstechnologie erweist sich als äußerst flexibel. So können einmal erstellte Strukturen wiederverwendet, einfach ergänzt und erneuert werden. Darüber hinaus läßt die Technik des Systems es zu, daß für jede Struktur alle beschriebenen multimedialen Techniken einsetzbar sind. Zudem läßt sich die Darstellung der Zusammenhänge so anpassen, daß sie jedem beliebigen Zuhörer, sei es nun ein Meister, sei es ein Entscheider, gerecht wird.

Die **Schulung für Geschäftsprozesse und Rollen** kann so zusammengestellt werden, daß für jeden Anwender alle wichtigen Informationen bereitgestellt werden können und die daraus geschlossenen Folgerungen für ihn auch nachvollziehbar sind. Das gilt sowohl für die Gesamtgeschäftsprozesse mit ihren Abhängigkeiten, den Rollen und deren Besetzung als auch für die Bilder zur Erklärung der Abläufe. Darüber hinaus ist das Informationssystem noch mit Beispielen hinterlegt.

9.1 Toolbeschreibung (Editor)

DemoN unterstützt Sie beim Zusammentragen und Organisieren Ihrer Informationsunterlagen. In diesem Kapitel werden alle Funktionen des DemoN-Tools Schritt für Schritt ausführlich erklärt.

9.1.1 Systemanforderungen

DemoN gliedert sich in zwei Teile.

- Der Editor
  Hier stellen Sie die Präsentation und ändern diese bei Bedarf ab. Der Editor läuft unter Windows 95/98 sowie unter Windows NT 4. Um eine Präsentation zu erstellen, benötigen Sie keine zusätzliche Software. Dies ist nur für das Erstellen der Inhalte notwendig. Hierzu können sie auf Programme wie z.B. Powerpoint oder Photoshop zurückgreifen.

▶ **Die generierte Präsentation**

Hierbei handelt es sich um Shockwave-Movies, die im Browser angezeigt werden. Als Browser unterstützt DemoN den Internet Explorer ab Version 4. Zusätzlich benötigen Sie das Shockwave Director Plug-In 7 von Macromedia. Dieses wird bereits von über 130 Mio. Usern benutzt und ist auf der Homepage von Macromedia frei verfügbar. Für dieses Plug-In spricht außerdem die Tatsache, daß es bereits im Lieferumfang des Internet Explorers der Version 5 enthalten ist.

Alle Daten, die für die Durchführung der Präsentation nötig sind, werden beim Generieren in ein Verzeichnis kopiert. Somit ist durch ein einfaches Kopieren dieses Verzeichnis auf eine CD oder einen Web-Server die Präsentation leicht zu verteilen.

9.1.2 Die Oberfläche des Editors

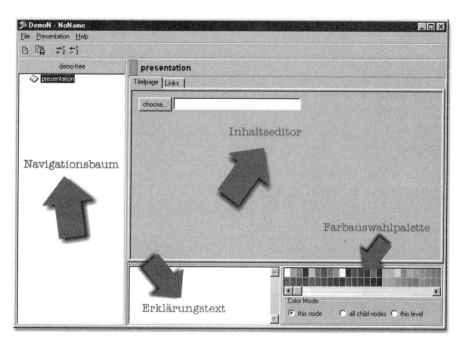

Abbildung 9.1 DemoN – Oberfläche

Die Oberfläche von DemoN gliedert sich in mehrere Bereiche:

▶ Am linken Rand befindet sich der Navigationsbaum. In diesem Bereich können Sie die Struktur Ihrer Präsentation festlegen und editieren.

▶ Unten in der Mitte ist das Erklärungstextfeld angeordnet. Hier können Sie zu jedem Strukturknoten einen erklärenden Text beliebiger Länge hinterlegen.

- Unten rechts befinden sich die Farbauswahlpalette und die Farbmodischalter. Hier können Sie jedem Strukturknoten eine von 256 möglichen Farben zuordnen.
- In der Mitte ist der Inhaltseditor. Hier können Sie jeden Knoten mit Inhalten füllen.

Der **Navigationsbaum** repräsentiert die Struktur Ihrer Präsentation. Hier können Sie neue Punkte in Ihre Struktur einfügen, alte Punkte umbenennen und ganze Unterpunkte verschieben.

Mit der **Farbpalette** können Sie den einzelnen Knoten Farben zuordnen. Es gibt drei verschiedene Modi, mit denen Sie entweder einen einzelnen Knoten, alle Knoten der gleichen Ebene oder alle Sohnknoten des ausgewählten Knotens einfärben können.

Im **Erklärungsfeld** kann ein erklärender Text eingegeben werden. Sie können auch per Cut and Paste direkt einen Text aus einem Textverarbeitungsprogramm übernehmen und einfügen.

Um den einzelnen Knoten Inhalte zuzuweisen, können Sie mit dem **Inhaltseditor** entweder ein Bitmap oder eine HTML-Seite auswählen, die dann mit dem Knoten verknüpft wird. Beim Einfügen von HTML-Seiten versucht DemoN, automatisch alle Daten, die mit dieser Seite verknüpft sind (weitere HTML-Seiten durch Hyperlinks verknüpft und Bitmaps) zu erfassen und im Präsentationsverzeichnis zur Verfügung zu stellen.

Unter **Links** können für jeden Knoten weitere Dateien hinterlegt werden. Dies ist nützlich, wenn zusätzliche Informationsmaterialien zur Erläuterung des Hauptbitmaps zugänglich gemacht werden sollen. Es können alle Dateien hinterlegt werden, die auch vom Browser angezeigt werden können (z. B. Excel, Word, Powerpoint, PDF etc.).

9.1.3 Visuelle Profile

Mit den Visuellen Profilen können Sie Ihrer Präsentation ein individuelles Aussehen verleihen. Alles was Sie dazu brauchen, ist ein Bildbearbeitungsprogramm, das Bilder im JPEG-Format bearbeiten kann. Auf diese Weise können Sie Ihr Firmenlogo oder auch andere firmenspezifische Designs im Hintergrund der Navigations- und Titelleiste anzeigen.

9.2 Präsentationsbeispiele

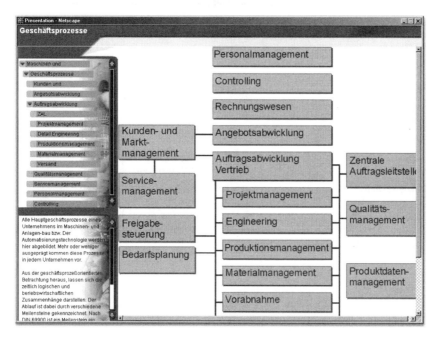

Abbildung 9.2 DemoN – Oberfläche

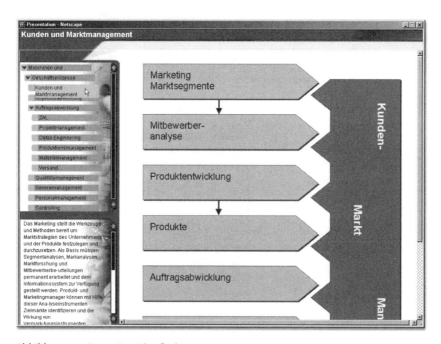

Abbildung 9.3 DemoN – Oberfläche

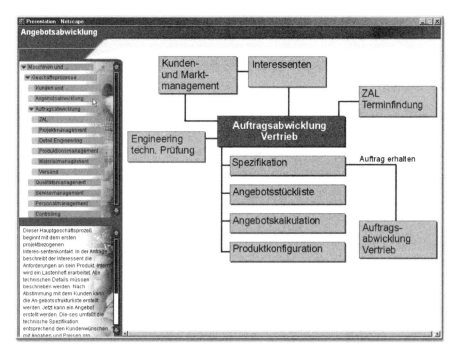

Abbildung 9.4 DemoN – Oberfläche

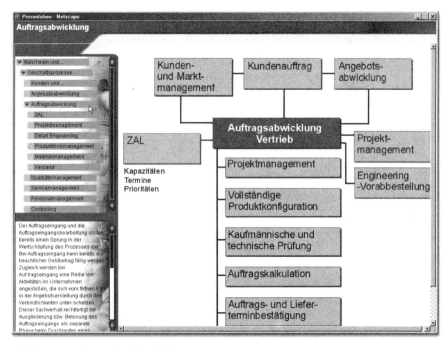

Abbildung 9.5 DemoN – Oberfläche

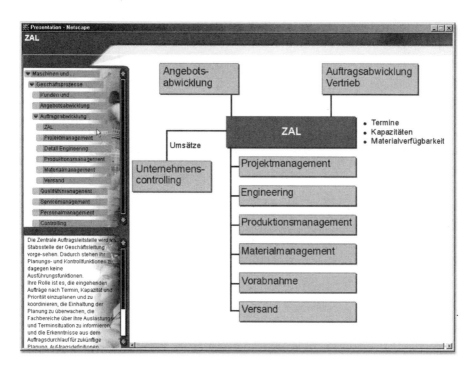

Abbildung 9.6 DemoN – Oberfläche

10 Nutzen

In diesem Kapitel wird zusammengefaßt, welche Vorteile aus der beschriebenen Vorgehensweise der Produktstrategie, Einführung von Rollen, der Organisation von integrierten Geschäftsprozessen, im Maschinen- und Anlagenbau erwachsen und welchen Nutzen man daraus ziehen kann.

Allgemeiner, nicht-quantifizierbarer Nutzen
Ein nicht-quantifizierbarer Nutzen wird dadurch gekennzeichnet, daß er nicht sofort in Kapital umgesetzt werden kann. Es handelt sich hierbei vielmehr um langfristig sich auswirkende Vorteile, mit denen das Unternehmen seine Zukunft zu sichern versucht.
Image
Die Imagepflege ist eine der wichtigsten Aufgaben der Firma. Alle Mitarbeiter sind daran beteiligt und alle Produkte werden auf die Imagepflege hin ausgerichtet. Liefertermine müssen eingehalten werden, Qualität und Service müssen stimmen. Die Imagepflege hat ihr Ziel erreicht, wenn Ihr Produkt zur Marke gekürt wird. Erst eine ausgereifte Produktstrategie, die hohe Motivation der Mitarbeiter und die vernünftige Organisation der verschiedenen Rollen einschließlich der zugeordneten Geschäftsprozesse läßt das Image wirklich strahlen.
Marktdurchdringung
Alle Märkte für meine Produkte zu kennen, oder besser, dem Markt unsere Produkte bekannt zu machen, muß das vorrangige Ziel von Produktmarketing, Vertrieb, Service und Produktentwicklung sein. Erst dann wirken Umsatz-, Absatz- und Personalplanung nachhaltig.
Kundenzufriedenheit
Die höchste Kundenzufriedenheit wird mit Qualität, Termintreue, Servicebereitschaft und Verfügbarkeit erreicht. All dies kann nur mit einer gesamtheitlichen Organisation und motivierten Mitarbeitern gewährleistet werden.
Mitbewerbervorteile
Über eine Analyse der Mitbewerber muß permanent deren Status ermittelt werden. Daran werden die eigenen Ergebnisse gemessen und bewertet. Erst das permanente Bestreben, eine Marke etablieren, bringt dem eigenen Unternehmen einen Vorteil gegnüber den Mitbewerbern. Auch dafür gilt es, alle Register der Produktorganisation und der Informationstechnologiezu ziehen.

... Allgemeiner, nicht-quantifizierbarer Nutzen
Zufriedenheit der Mitarbeiter
Nur ein zufriedener Mitarbeiter kann auch ein motivierter Mitarbeiter sein. Grundvoraussetzungen dafür sind die folgenden: ▶ Gerechte Entlohnung ▶ Ausbildungs- und Fortbildungsmöglichkeiten ▶ Der Einsatz an einem ihm adäquaten Arbeitsplatz ▶ Ansehen der Firma (imageträchtiges Unternehmen) ▶ Vertretbare Arbeitszeiten ▶ Arbeitseinsatz geplant und überschaubar Diese Voraussetzungen können nur mit einem exzellenten Personalmanagement und einer integrierten Geschäftsprozeßorganisation erfüllt werden. Der Nutzen zeigt sich alsbald in einer hohen Produktivität und Servicebereitschaft, was letztlich einen zufriedenen Kunden schafft.

Nutzen aus Produktstrategie
Das wertvollste Ergebnis einer organisierten Produktstrategie ist das Erreichen der Marktführerschaft oder gar das Zertifikat einer Marke. Die meßbaren Vorteile sind die folgenden: ▶ Einsparen von Marketing- und Vertriebsaufwendungen von bis zu 50 % ▶ Bessere Preisdurchsetzung von bis zu 10 % ▶ Bessere Durchsetzung der eigenen Technologie am Markt, dadurch weniger Änderungen erforderlich ▶ Höhere Durchsetzungskraft der eigenen Wünsche bei Lieferanten ▶ Weniger Aufwand für Personalbeschaffung und größere Chancen bei der Einstellung qualifizierter Mitarbeiter
Nutzen aus der Produktstrategie -Marketing
▶ Rechtzeitiges Erkennen von Bedarf und Trends und dadurch frühzeitige Planung von Komponenten und langfristigem Kapazitätsbedarf ▶ Wissen um die Mitbewerber und deren Produkte und dadurch rechtzeitige Festlegung einer eigenen Produktstrategie.

Nutzen aus der Produktstrategie – Mitarbeiter

Im Einklang mit der Produktstrategie können Mitarbeiterbedarf und Ausbildung geplant und durchgeführt werden.

Der Nutzen zeigt sich auch hier in vielerlei Hinsicht:

- Der Einsatz der richtigen Mitarbeiter am richtigen Arbeitsplatz ergibt höchstmögliche Wertschöpfung.
- Ein schneller und richtiger Einsatz neuer Mitarbeiter reduziert die Anlernzeiten.
- Die Qualität wird durch den produktbezogenen Einsatz der Mitarbeiter wesentlich verbessert.
- Der Auftragsdurchlauf wird optimiert.
- Die Serviceleistung wird optimiert.
- Ein jeder dieser Aspekte kommt letztlich dem Kunden zugute. Der Weg zur Marke wird weiter geebnet.

Nutzen aus der Produktstrategie – Vertrieb

Der Vertrieb wird in die Lage versetzt:

- Schnelle und sichere Angebote durchzuführen
- Kalkulation einfach und sicher aufzubereiten
- Produktkonfiguratoren in Einsatz zu bringen
- Zusatzkomponenten schnell zu erkennen und zu bearbeiten

Nutzen aus der Produktstrategie – Engineering

Die Zusammenarbeit von Produktstrategie und Engineering bringt folgenden Nutzen mit sich:

- Marktorientierte Produkte entwickeln
- Basisdaten für Vertrieb, Produktion und Materialwirtschaft verfügbar machen
- Produktkonfiguratoren festlegbar
- Produktstrukturen festlegbar

Nutzen aus der Produktstrategie – Produktionsanlagen

Erst die permanente Planung der Produktionsanlagen und Einrichtungen unter Berücksichtigung der jeweiligen Produktstrategie gewährleistet eine reibungslose Beschaffung aller Teile und damit einen reibungslosen Ablauf der Produktion. Die kontinuierliche Zusammenarbeit ermöglicht eine effiziente Abstimmung von Produkt und Beschaffung innerhalb der Produktionseinrichtung.

... Nutzen aus Produktstrategie

Der Nutzen zeigt sich folgendermaßen:

- ▶ Schnelle und sichere Bearbeitung der Komponenten und Teile
- ▶ Erreichen von höchstmöglichen, aber dennoch realistischen Qualitätsvorgaben
- ▶ Eigenfertigung von Know-how-Teilen durchführbar
- ▶ Planbare Losfertigung, dadurch hoher Produktivitätszuwachs

Nutzen aus der Produktstrategie – Zulieferer

Zulieferer werden rechtzeitig in die Produktstrategie und Entwicklung mit einbezogen. Das bringt folgendes mit sich:

- ▶ Ersparnis Eigenentwicklung
- ▶ Auswahl bestmöglicher Spezialisten
- ▶ Preise kalkulierbar
- ▶ Liefertermine von Zukaufkomponenten überschaubar

Nutzen aus der Rollen- und Geschäftsprozeßorganisation

Eine integrierte, auf die Mitarbeiter und das Produkt abgestimmte Geschäftsprozeßorganisation ist Grundvoraussetzung für:

- ▶ Den wirtschaftlichen Erfolg des Unternehmens
- ▶ Zufriedene Kunden
- ▶ Motivierte Mitarbeiter
- ▶ Die integrierte Gesamtorganisation erhöht die Produktivität während des gesamten Prozesses der Entstehung der Maschinen und Anlagen.

Nachfolgend eine Übersicht über die verschiedenen Nutzenaspekte:

- ▶ Der Vertrieb hat Schnellzugriff auf Basisdaten und Werte zum sicheren Erstellen der Angebote.
- ▶ Das Engineering entwickelt Kundenaufträge auf der Basis der Produktentwicklung und stellt alle Basisdaten der Gesamtorganisation zur Verfügung. Schnelle Zugriffe auf Daten, Termine, Entscheidungen, Aufgaben etc. sind so möglich.

- ▶ Die Zentrale Auftragsleitstelle kann sofort Daten aus Vertrieb, Engineering und Produktmanagement sofort in eine Grobplanung und Terminierung umsetzen. Durchlaufzeiten und Kapazitätsauslastung werden optimiert.
- ▶ Materialmanagement, Produktionsmanagement und alle anderen Bereiche können ebenfalls effizienter arbeiten. Die detaillierte Aufbereitung der Nutzenargumentation finden Sie in den mit diesen Geschäftsprozessen befaßten Kapiteln.

Nutzen aus den organisierten Stabstellen der Geschäftsleitung

Nutzen aus dem organisierten Produktdatenmanagement

Das PDM ermöglicht den Aufbau einer flexiblen Produktentwicklungsumgebung und die Verwaltung produktbezogener Daten. Es integriert sämtliche Geschäftsprozesse.

- ▶ Dokumentenverwaltung
  - ▶ Stellt Dokumente unterschiedlichster Art den jeweils zuständigen Mitarbeitern zur Verfügung
  - ▶ Ermöglicht flexible Statusverwaltung
  - ▶ Dokumentversionen pflegbar
  - ▶ Änderungsstände werden gewährleistet
- ▶ Klassifizierung
  - ▶ Verschiedene Objekte können nach festgelegten Kriterien strukturiert werden
  - ▶ Verringerung der Teilevielfalt
  - ▶ Reduzierung der Objektsuche
  - ▶ Wiederfinden von vorhandenem Wissen
- ▶ Materialstamm
  - ▶ Möglichkeit des Zusammenfassung von allen notwendigen Daten
  - ▶ Einheitliche Pflege der unterschiedlichen Materialstämme und der unterschiedlichen Abteilungen möglich
  - ▶ Anzeigen von Originalen direkt aus dem Materialstammsatz
  - ▶ Dokumentinformationen stehen unternehmensweit zur Verfügung

... Nutzen aus den organisierten Stabstellen der Geschäftsleitung
▶ Stücklisten 　▶ Die Funktionalität mehrerer Objekte in der Stücklistenverwaltung ist verfügbar. 　▶ Materialstücklistendaten können in unterschiedlichen innerbetrieblichen Bereichen verwendet werden und durch vollständig voneinander getrennte Stücklisten abgebildet werden. 　▶ Jeder innerbetriebliche Bereich erhält eine spezielle Stückliste. ▶ CAD-Integration 　▶ Schnelle Bearbeitung im CAD-System 　▶ Sichere Übernahme und Übergabe ins Gesamtsystem IT ▶ Änderungsmanagement 　▶ Sichere Grundlage für die Dokumentation von Anpassungen während des gesamten Lebenszyklus des Produktes 　▶ Sichere Durchführung von Kundenänderungen, Preis- und Terminfestlegung 　▶ Sichere Durchführung von Konstruktionsänderungen 　▶ Änderungen am Werkstück 　▶ Umbau 　▶ Verschrottung
Nutzen aus der organisierten Produktentwicklung
▶ Exakte Ausrichtung der Produkte nach Typen wird gewährleistet ▶ Marktanforderungen und Kundenwünsche fließen in die Produktentwicklung mit ein ▶ Technische Prüfung und Versuche garantieren die Machbarkeit der Produkte ▶ Termine für Messen und Produktivstart werden durch Projektplanung eingehalten ▶ Wirtschaftliche Produktion wird gewährleistet ▶ Die rechtzeitige Einbindung möglicher Lieferanten wird gewährleistet ▶ Konstruktionen werden rechtzeitig fertig, was Grundlage für eine rechtzeitige Materialbeschaffung und Fertigstellung der Produkte ist

Nutzen aus der organisierten Zentralen Auftragsleitstelle

- ▶ Umsatzkapazitätsplanung
  - ▶ Einhaltung der Umsatzvorgaben
  - ▶ Schnelle Information über Umsatzerwartungen
  - ▶ Grobe Steuerung von Produkttypen und Werken möglich
- ▶ Grobkapazitätsplanung
  - ▶ Hohe Transparenz
  - ▶ Sehr gute Informationsvermittlung
  - ▶ Exakte Einplanung neuer Projekte
  - ▶ Einfache Handhabung
  - ▶ Große Flexibilität
  - ▶ Wenig Formalismus
  - ▶ Erkennen langfristiger Trends
  - ▶ Gute Steuerungsmöglichkeiten
  - ▶ Verhinderung von Terminüberschreitungen der Aufträge
  - ▶ Rechtzeitiges Anfordern von Überstunden, Leiharbeiter, Auswärtsvergabe, Kurzarbeit
  - ▶ Gleichmäßige Auslastung
  - ▶ Überblick über mögliche
  - ▶ Verhinderung von Wartezeiten in Konstruktion AV, Fertigung und Montage
  - ▶ Übersicht über Auftragsabwicklung, Entlastung der Führungskräfte von Abwicklungsarbeiten
  - ▶ Geringer Personalbedarf bei der Auftragssteuerung
  - ▶ Optimale Koordinierung
- ▶ Terminplanung und Terminkontrolle
  - ▶ Exakte Terminkontrolle
  - ▶ Aktuelle Termine
  - ▶ Hohe Termintreue
  - ▶ Größere Terminüberlappungen der Abteilungen realisierbar und dadurch kürzere Durchlaufzeiten der Projekte
  - ▶ Genaue Terminierung der Baugruppen bewirkt Verkürzung der Liegezeiten und Verringerung der Kapitalbindung. Darüber hinaus Möglichkeiten, innerhalb bestimmter Zeiträume gleich Teile oder Baugruppen zusammenzufassen.

... Nutzen aus den organisierten Stabstellen der Geschäftsleitung
▶ Minimierung der Wartezeiten in Konstruktion, AB, Fertigung und Montage ▶ Wenig Sonderaktionen zur Problemlösung notwendig ▶ Vermeidung von Produktionsstörungen durch zu spät aufgegebene Teile ▶ Gute Übersicht über Auftragsabwicklung und Stand ▶ Gesamtüberblick aller Termine aller betroffenen Abteilungen
Nutzen aus dem organisierten Qualitätsmanagement
▶ Schnelles Erkennen und Abstellen von Fehlerquellen ▶ Wesentliche Reduzierung von Beanstandungen ▶ Erhöhung der Produktivität ▶ Sicherung und Steigerung von Marktanteilen ▶ Minimierung der Qualitätskosten

Nutzen aus dem organisierten Personalmanagement
Der Hauptnutzen aus dem organisierten Personalmanagement ist, daß motivierte Mitarbeiter am jeweils richtigen Arbeitsplatz tätig sind.
Organisationsmanagement
▶ Sicherung der langfristigen Gestaltung der Ablauf- und Aufbauorganisation ▶ Aussagefähige und vergleichbare Stellenbeschreibungen ▶ Anforderungen an die Positionen mit den Qualifikationen der Mitarbeiter vergleichbar ▶ Weiterbildungsmaßnahmen werden angestoßen ▶ Fehlende Funktionen für die Personalbeschaffung bereitstellen
Personalbeschaffung
▶ Steigerung des Ansehens und der Effizienz des Unternehmens ▶ Die Möglichkeit, den am besten geeigneten Bewerber für die offene Stelle zu bekommen und auszusuchen ▶ Über Ausschreibungen im Internet neue Bewerbergruppen ansprechen und die Präsenz Ihres Unternehmens im globalen Datennetz ausbauen ▶ Transparente Profilvergleiche möglich

Personalentwicklung

- Vorhandene Potentiale von Mitarbeitern werden besser erkannt, können gezielter gefördert und effektiver eingesetzt werden
- Personalentwicklungsmaßnahmen werden gezielt an den Unternehmenszielen ausgerichtet. Die Mitarbeiter können dabei ihre Interessen einbringen.
- Die Motivations- und Leistungssteigerung wird durch eine gezielte Personalentwicklung unterstützt.

Vergütungsmanagement

Durch das Entwickeln einer Vergütungspolitik zu einem Führungsinstrument grenzen Sie sich vom Wettbewerb ab und schaffen sich ein hohes Maß an Flexibilität, Kontrolle und Wirtschaftlichkeit.

- Besten Mitarbeiter gewinnen
- Mitarbeiter langfristig binden
- Leistungswillen fördern

Personalzeitwirtschaft

- Entlasten von Zeitbeauftragten, Einsatzplanern und Meister von vielen Routineaufgaben
- Daten und Ergebnisse für vielfältige Geschäftsprozesse verwenden
- Daten effizient nutzen
- Geschäftsprozesse optimaler gestalten
- Personaleinsätze planen
- Personalzeiten erfassen und auswerten

Personalabrechnung

- Schnelle und sichere Abrechnung unter Berücksichtigung aller gesetzlichen Bestimmungen
- Brutto-/Nettoabrechnung automatisch
- Akkord- und Prämienlöhne können direkt aus der Fertigungssteuerung übernommen werden.

Nutzen aus dem organisierten Kundenmanagement

Marketing

- ▶ Zielmärkte werden analysiert
- ▶ Marktsegmente für Ihr Produkt werden aufgezeigt
- ▶ Möglichkeiten für neue Produkte, welche zu Ihrem Produkt passen, werden aufgezeigt
- ▶ Analyse der Mitbewerber ausgewertet
- ▶ Analyse und Profile für Lieferanten
- ▶ Positionierung Ihrer Firma und Ermittlung von Marktanteilen
- ▶ Prognoserechnung mit Einfluß auf Programmplanung

Nutzen aus der organisierten Angebotsabwicklung

Die Angebotsabwicklung genießt in hohem Maße den Nutzen aus einer Produktorganisation, Marketingorganisation, dem Engineering und der Zentralen Auftragsleitstelle.

- ▶ Vorhandenes Wissen im Direktzugriff
  - ▶ Rasche und sichere Durchführung von Angeboten
  - ▶ Schnelle Klärung technischer Details schnell klärbar
  - ▶ Sichere Durchführung der Kalkulation
- ▶ Kapazitäten und Termine
  - ▶ Gesicherte Lieferterminfindung
  - ▶ Bereitstellung von qualifiziertem Personal
- ▶ Kundeninfos
  - ▶ Kundeninfos im Direktzugriff
  - ▶ Vertreterinfos im Direktzugriff
  - ▶ Kaufmännische Details sind schnell klärbar
- ▶ Produktaufbereitung
  - ▶ Konfigurierbar
  - ▶ Strukturierbar
  - ▶ Änderungsfreundlich
  - ▶ Überwachbar

Nutzen aus der organisierten Auftragsabwicklung im Vertrieb
▶ Komplette Informationen, Daten, Preise, Termine etc. können direkt vom Angebot übernommen werden
▶ Die Ergänzungen bei Kundenauftragseingang können einfach und schnell bearbeitet werden. Technische Änderungen können über Produktkonfiguration ergänzt werden, evtl. neue Termine über ZAL ermittelt und festgelegt werden.
▶ Projektplanung mit Projektstruktur und Auftragsstückliste kann festgelegt werden
▶ Vorabbestellungen von Langläufern können getätigt werden
▶ Auftrags- und Lieferterminbestätigung einfach durchführbar
▶ Bedarfsübergabe an ZAL, Engineering und Projektmanagement kann automatisch erfolgen

Nutzen aus dem organisierten Projektmanagement
▶ Budgetierung der einzelnen Arbeitspakete pro Projekt möglich
▶ Projektergebnisse und Projektcontrolling durchführbar
▶ Projektfortschrittsanalyse und Ergebnisermittlung verfügbar
▶ Nachkalkulation und Analyse der Istabweichungen werden bereitgestellt

Nutzen aus dem organisierten Auftragsabschluß
▶ Meilenstein für Bezahlung
▶ Festlegung für Archivierung
▶ Festlegung endgültige Dokumentation
▶ Klare Übergabe an Gewährleistung

Nutzen aus der organisierten Gewährleistung
▶ Festlegung von Gewährleistungsverträgen ist gesichert möglich.
▶ Servicevorbereitung
▶ Basis für Service- und Wartungsverträge
▶ Gewährleistungsabwicklung
▶ Befund leicht zu erfassen
▶ Klärungsmöglichkeit der Mängel

... Nutzen aus dem organisierten Kundenmanagement

Nutzen aus dem organisierten Servicemanagement

- Voraussetzung für Marktführerschaft
  - Zufriedene Kunden
  - Schnelle und auch kommerziell erfolgreiche Ersatzteilabwicklung
  - Für den Kunden schnelle, preiswerte und sichere Umstellung von Umbauaufträgen
- Monteureinsatzplanung
  - Gewährleistet einen schnellen und sicheren Einsatz der Monteure. Der richtige Monteur mit der richtigen Qualifikation befindet sich am richtigen Ort und arbeitet an der richtigen Anlage zum richtigen Zeitpunkt, wodurch hohe Zufriedenheit beim Kunden
- Monteurabrechnung
  - Schneller und sicherer Nachweis beim Kunden über Einsatz der Mitarbeiter mit Mehrleistung, Feiertagseinsatz etc. Gleichzeitig Nachweis für Material und Hilfsmittel
  - Integrierte Rechnungsstellung
  - Integrierte Lohn- und Gehaltsabrechnung
  - Integriertes Managementinformationssystem, schnelles Erkennen von Schwachstellen am Produkt
- Serviceverträge
  - Klare Definition von Inhalt und Umfang der Serviceleistungen
  - Preisvereinbarungen für Serviceanforderungen möglich
- Wartungspläne
  - Klar erkennbare Leistungen (planbar)
  - Kunde erhält hohe Sicherheit an Service

Nutzen aus dem organisierten technischen Management

Nutzen aus der organisierten Bedarfsplanung

- Abgleich der intern gefertigten und extern beschafften Baugruppen und Komponenten gegen die auftragsneutrale Vorplanung.

Nutzen aus organisierter Freigabesteuerung:

▶ Rechtzeitige Freigabe der einzelnen Komponenten

▶ Voraussetzung schaffen für Überwachung des Auftragsfortschritts

▶ Permanente Bedarfsübergabe und damit Gewährleistung des kontinuierten Arbeitsfortschritts

Nutzen aus dem organisierten Detail – Engineering

▶ Kundenanfragen:
  ▶ Sicherung und Bearbeitung von Kundenanfragen
  ▶ Technisch Prüfung von Kundenanfragen
  ▶ Angebotsstrukturen können überarbeitet werden
▶ Kundenaufträge:
  ▶ Kundenaufträge können spezifiziert und geprüft werden
  ▶ Kundenauftragsstückliste kann erstellt werden
  ▶ Langläufer können vorab bestellt werden
  ▶ Stückliste und Zeichnungen im CAD-System können erstellt und dem Gesamtsystem übergeben werden

Nutzen aus dem organisierten Produktionsmanagement

▶ Produktionsplanung
  ▶ Anonyme Lagerfertigung

  Wirtschaftliche Losgrößen können produziert werden.

  ▶ Vorplanung mit Endmontage

  Komponenten können direkt auf Netzplanebene Montage geplant werden. Die Durchlaufzeit wird dadurch minimiert.

  ▶ Vorplanung teilkonfigurierten Typen

  Alle Komponenten können im Durchlaufprozeß direkt vom konfigurierten Kundenauftrag gesteuert werden.

  Dabei entsteht der Vorteil, daß möglichst viele gleiche Komponenten oder Teile zusammengefasst werden können. Wirtschaftliche Losgrößen entstehen. Durchlaufzeiten werden verkürzt.

  ▶ Kundenauftragsfertigung

  Durch die Möglichkeit, alle Komponenten direkt auf den Netzplan (Terminplan) zu terminieren, wird der Wertfluß optimiert. Teure Teile verbleiben nicht zu lange im Lager oder am Montageplatz verweilen.

> **... Nutzen aus dem organisierten technischen Management**
>
> - Planung MRP II
>
>   Der hohe Nutzen entsteht aus der Integration von Geschäftsplanung und Branchenauswertungen mit Absatz und Grobplan zu einem Ganzen.
>
> ▶ Disposition
>
>   ▶ Auftragsbezogene Teile
>
>   Terminliche Direktzuordnung über Netzplan zum Kommissionierplatz verkürzt den Bearbeitungsaufwand beim Kommissionieren.
>
>   ▶ Standardteile
>
>   Im Zusammenhang mit Produktionsplanung disponiert. Hoher Nutzen durch wirtschaftliche Losgrößen
>
> ▶ Arbeitsplanverwaltung
>
>   ▶ Arbeitsplatz
>
>   Die Organisation Arbeitsplatz bringt die Nutzen:
>
>   ▶ Terminplanung möglich
>
>   ▶ Kapazitätsplanung möglich
>
>   ▶ Vor- und Nachkalkulation möglich
>
>   ▶ Arbeitsplan
>
>   ▶ Fertigungssteuerung effizient möglich
>
>   ▶ Gezielte Vorgabe in Technik und Zeit möglich
>
>   ▶ Qualitätsmanagement in der Produktion möglich
>
> ▶ Kapazitätsplanung
>
>   ▶ Kapazitätsbedarf
>
>   ▶ Permanente Übersicht über Kapazitätsauslastung
>
>   ▶ Kapazitätsangebot für neue Aufträge
>
>   ▶ Kapazitätsanalysen
>
>   Der hohen Nutzen der verschiedenen Kapazitätsanalysen und Simulationen zeigt sich bei der genauen Ermittlung von Über- oder Unterlastung.
>
> ▶ Fertigungssteuerung
>
>   ▶ Hoher Nutzen bei der Durchsetzung des Zieles, über alle geplanten und disponierten Teile am richtigen Ort, zur richtigen Zeit und in der vorgegebenen Qualität zu verfügen und eine wirtschaftliche Fertigstellung zu erreichen.

- ▶ Montageabwicklung
  - ▶ Schnelle Lieferbereitschaft aller Komponenten

Nutzen aus dem organisierten Materialmanagement

Das Materialmanagement bringt den höchsten Nutzen, wenn das zu beschaffende Material zum richtigen Zeitpunkt, in der richtigen Qualität, am richtigen Ort und zu einem vertretbaren Preis organisiert wird.

- ▶ Materialdisposition aus dem Projekt
  - ▶ Ermöglicht Vorabbestellung und Terminkontrolle für Langlaufteile
  - ▶ Just-in-time-organisation für kundenauftragsbezogene Komponenten und Teile
  - ▶ Lieferungen für Komponenten termingerecht in Haus oder auf Baustelle
- ▶ Materialdisposition Standardteile
  - ▶ Automatische Generierung von Bestellanforderungen
  - ▶ Optimale Abstimmung von Marktanforderungen, Lagerbestand und Auftragsbezug
  - ▶ Optimale Losgrößenbestellung
  - ▶ Zusammenfassung von Gleichteilen und Typengruppen
  - ▶ Möglichkeit von optimalen Dispoverfahren
  - ▶ Kontrolle durch Dispositionsergebnis
  - ▶ Sofortige Meldungen über:
    - ▶ Terminverzug
    - ▶ Unterterminierung und Stornierung
    - ▶ Unterschreiten des Sicherheitsbestands
    - ▶ Ausnahmemeldungen
- ▶ Einkauf
  - ▶ Organisierter Ablauf möglich, Bedarfsermittlung
  - ▶ Ermittlung der Bezugsquellen
  - ▶ Automatische Bezugsquellenermittlung möglich
  - ▶ Anfrage verschiedener Lieferanten möglich
  - ▶ Auswahl Lieferanten
  - ▶ Angebotsvergleiche können durchgeführt und das beste Angebot kann ermittelt werden

... Nutzen aus dem organisierten technischen Management

- ▶ Bestellabwicklung
- ▶ Schnell durchführbar
- ▶ Ohne viel Aufwand
- ▶ Kontraktabwicklung möglich
- ▶ Rahmenvertragsabwicklung möglich
- ▶ Bestellüberwachung

Nach Kommissionsterminierung automatische Überwachung. Hoher Nutzen, da die Möglichkeit geschaffen wird, Fehlteilelisten nach Auftragsstückliste zu bearbeiten, wodurch gewährleistet wird, daß vollständiges Material bei Montagebeginn vorhanden ist.

- ▶ Lieferantenbeurteilung
  - ▶ Optimierung der Beschaffung
  - ▶ Erleichtert Auswahl von Bezugsquellen
  - ▶ Laufende Kontrolle bestehender Lieferbeziehungen
  - ▶ Objektive Bewertung der Lieferanten
  - ▶ Überblick über Lieferanten und Einkaufsorganisation
- ▶ Wareneingang
  - ▶ Einfaches Erfassen des Wareneingangs
  - ▶ Erleichterung der Kontrolle Über- oder Unterlieferung
  - ▶ Einfaches Kontrollieren der Bestellabwicklung
  - ▶ Kontrolle ausbleibender Lieferungen
  - ▶ Integration von Mahnverfahren möglich
  - ▶ Prüfung der Rechnung möglich
  - ▶ Bewertung möglich
- ▶ Bestandsführung
  - ▶ Mengen- und wertmäßige Führung der Materialbestände möglich
  - ▶ Planung und Erfassung aller Warenbewegungen möglich
  - ▶ Voraussetzung für die Durchführung der Inventur
- ▶ Inventur
  - ▶ Möglichkeiten der Inventur:
  - ▶ Stichtagsinventur
  - ▶ Permanente Inventur

- ▶ Stichprobeninventur
- ▶ Automatische Erfassungshilfen verfügbar

- ▶ Materialbewertung
  - ▶ Bewertungskreise und Buchungskreise möglich, dadurch können vorhandene Bestände einheitlich bewertet werden
  - ▶ Bewertungssteuerung
  - ▶ Bewertungsklassen möglich
  - ▶ Kriterien nach Herkunft oder Zustand möglich
  - ▶ Bewertungsarten zu Typen definieren
  - ▶ Preissteuerung möglich
  - ▶ Bewertung der Materialien
  - ▶ Wareneingang
  - ▶ Umbuchungen
  - ▶ Warenausgänge
  - ▶ Rechnungen
  - ▶ Inventurdifferenzen
  - ▶ Umbewertungen
  - ▶ Bewertungsvorgänge
  - ▶ Standardpreis
  - ▶ Gleitender Durchschnittspreis
- ▶ Rechnungsprüfung
  - ▶ Integrierte Informationen von Einkauf und Wareneingang zur Finanzbuchhaltung.
  - ▶ Schnelle und sichere Bearbeitung und Information verfügbar, was ist zu zahlen und welche Abzüge sind möglich.
- ▶ Lagerverwaltung
  - ▶ Verwalten von hochkomplexen Lagerstrukturen möglich
  - ▶ Verschiedene Lagerplätze können definiert werden
  - ▶ Bearbeitung aller relevanten Buchungen möglich
  - ▶ Optimierung des Kapazitäts- und Materialflusses
  - ▶ Sofortige Übersicht und Anzeige der Lagerbestände durch Lagercontrolling
  - ▶ Ein- und Auslagenstrategie möglich, dadurch kurze Kommissionierzeiten
  - ▶ Führen von aktuellen Lagerbeständen
  - ▶ Archivierung der Daten zu Warenbewegungen und Inventur

... Nutzen aus dem organisierten technischen Management
Nutzen aus der organisierten Vorabnahme
▶ Realistische Tests möglich, daher geringe Störungsanfälligkeit bei der Endabnahme ▶ Lastenheft komplett bearbeitbar und dadurch hohe Kundenzufriedenheit
Nutzen aus dem organisierten Versand

▶ Versandabwicklung kann komplett, termingerecht und sicher abgewickelt werden
▶ Kommissionierung
    ▶ Umfassende Übersicht und Möglichkeit zum raschen Kommissionieren aus der Auftragsstückliste.
▶ Verpacken
    ▶ Verpackungshilfsmittel können aktualisiert werden.
    ▶ Leihgutkonto des Kunden oder Spediteurs kann aktualisiert werden.
    ▶ Komplette Verpackungsinfos als Kundenservice nutzen
    ▶ Überblick, welches Material in welchen Container verpackt wurde; nützlich bei Reklamationen des Kunden
    ▶ Einhaltung von Gewicht und Volumen wird sichergestellt.
    ▶ Ordnungsmäßige Verpackung sichergestellt
▶ Versand
    ▶ Vollständigkeitsprüfung möglich
    ▶ Verfügbarkeitsprüfung möglich
    ▶ Automatische Ermittlung von Gewicht und Volumen
    ▶ Automatische Verpackungsvorschläge
    ▶ Teillieferungen möglich
    ▶ Möglichkeit der Routenermittlung nach Abgangs- und Zielort
    ▶ Automatische Ermittlung exportrelevanter Informationen
    ▶ Versandterminierung möglich
    ▶ Chargenfindung möglich
    ▶ Aktualisierung des Auftragsstatus

- Transport
  - Effiziente Transportabwicklung und Transportabfertigung
  - Auswahl von Verkaufsmitteln
  - Effiziente Überwachung der Transporte
  - Flexible Auswahl der jeweils besten Transportlösung möglich
  - Zusammenfassung von Lieferungen möglich
  - Automatisches Erstellen von transportrelevanten Texten
  - Überwachung der Transporte möglich
- Papiere Meldungen
  - Alle erforderlichen Papiere wie Lieferschein, Lieferavis, Kommissionierliste und Ladeliste werden automatisch vom System gedruckt.
  - Alle Papiere für Extrastat und Intrastat werden vom System automatisch generiert.
  - Kommunikation mit internen und externen Partnern wird über EDI versendet und empfangen.
- Faktura
  - Automatische Rechnungsstellung
  - Automatische Rechnungs-, Gutschriften-, Lastschriften- und Bonusbearbeitung
  - Integrierte Gut- und Lastschriftenabwicklung
  - Automatische Preisfindungsfunktionen
  - Integration zu Rechnungswesen

Nutzen aus dem organisierten kaufmännischen Management

Nutzen aus dem organisierten Rechnungswesen

Das Rechnungswesen leistet mit dem Finanzmanagement den entscheidenden Beitrag zum Führen eines Unternehmens. Die Aufbereitung betriebswirtschaftlicher Informationen ist für strategische Unternehmensentscheidungen von großer Bedeutung.

Nutzen aus dem organisierten Controlling

- Sicheres und rechtzeitiges Erkennen, wo Gewinn und wo Verlust
- Erkenntnis, ob die richtigen Produkte, hinsichtlich Wirtschaftlichkeit, produziert werden

... Nutzen aus dem organisierten kaufmännischen Management
▶ Kontrolle der Arbeitseffizienz Ihrer Mitarbeiter ▶ Kontrolle, ob Lieferanten wirtschaftlich arbeiten
▶ Fortschrittsanalyse   ▶ Entscheidungsgrundlagen zum schnellen Gegensteuern

▶ Produktkostencontrolling
    ▶ Sichere Preisfindung möglich
    ▶ Bewertung der Produkte bis auf Teileebene möglich
    ▶ Ergebnisrechnung und Kostenträgerrechnung schnell verfügbar

▶ Ergebniscontrolling Die gesamte, von Ihnen festgelegte Wertschöpfungskette, kann im einzelnen in einer Ergebnisrechnung aufgezeigt werden. Analysen einzelner Sparten als auch bestimmter Regionen sind möglich.

11 Resümee

Die Erkenntnisse aus der Bearbeitung – Produkt im Mittelpunkt, Aufbau der Rollen, Übersicht und Integration aller Geschäftsprozesse und Möglichkeit der Modellierung der unternehmensspezifischen Branchenlösung und Präsentation dieser umfangreichen Informationen – ergeben einen höchstmöglichen Nutzen.

In Kapitel 10 wurden die Nutzenaspekte noch einmal zusammenfassend gezeigt. Der Nutzen kann jedoch nur dann nachhaltig erzielt werden, wenn die Voraussetzungen (Kapitel 12) dafür geschaffen und permanent verbessert werden. Dabei sollten Sie das **Zusammenspiel von Produktstrategie** und damit von Markteinflüssen, von **Know-how der Mitarbeiter** und den mit der Hilfe von **Informationstechnologie** organisierten, integrierten Geschäftsprozessen nie aus den Augen verlieren.

11.1 Kritische Faktoren

Der Maschinen- und Anlagenbau ist einem permanenten technologischen Wandel in der Mechanik, der Elektronik, der Hydraulik, der Pneumatik und der Computersteuerung unterworfen. Die Kunden erwarten zunehmend Gesamtlösungen vom Anbieter. Dies bedeutet, daß zunehmend Engineeringleistungen für technische Lösungen gefragt sind. Der Markt an guten Mitarbeitern ist leergefegt. Die Unternehmer müssen verstärkt eigene Engineeringmanager ausbilden.

Marktmanagement mit Produktanalyse wird nicht erfolgreich genug betrieben. Die Einflüsse, denen das Unternehmen durch denMarkt ausgesetzt ist, werden nicht oder zu spät erkannt. Eine große Hilfe sind die neu auf dem Markt sich etablierenden Kunden- und Marktmanagementsysteme, die in die interne Informationstechnologie integriert werden können und dort funktionieren.

Die Zentrale Auftragsleitstelle nimmt meist nur eine untergeordnete Position innerhalb der in der Produktion ein. Der Vertrieb kann sich dann meist erfolgreich bei der Lieferterminbestimmung durchsetzen, ohne daß dabei Kapazitäten und Termine geprüft würden. Eine permanente Änderung der Prioritäten in allen Bereichen ist die Folge. Bis zu 30% der Produktivität geht verloren. Nur eine streng durchgeführte Organisation der ZAL und ihre Ausstattung mit allen beschriebenen Kompetenzen ermöglicht einen durchschlagenden Erfolg.

Die richtige Auswahl einer Informationstechnologie, deren Komponenten ineinander integriert sind, bringt den beschriebenen Nutzen. Insellösungen erzeugen nur einen Mehraufwand bei der Bewältigung der täglichen Aufgaben und stellen selten sicher, daß die richtige Information zum richtigen Zeitpunkt am richtigen Arbeitsplatz erscheint.

11.2 Empfehlungen

Die wesentlichen Empfehlungen sind hier nochmals zusammengefaßt.

Produkt

- Marktführerschaft anstreben!
- Wenn möglich, nur die Komponenten der Kernkompetenz selbst produzieren!
- Die besten Lieferanten als Partner gewinnen!

Rollenorganisation

- Über Matrixorganisation der Rollen den Bedarf an Mitarbeiter-Know-how abbilden, danach die Mitarbeiter permanent weiterbilden und fehlende Rollen nach Bedarf besetzen!
- Die Mitarbeiter im Maschinen- und Anlagenbau werden zu begehrten Stars, wenn sie ihre Rollen im Unternehmen so gut spielen, daß ihr Produkt zur Marke gekürt wird!

Gesamtorganisation der Geschäftsprozesse

- Für die Gesamtorganisation der Rollen und der daraus resultierenden Geschäftsprozesse nur hervorragende Generalisten intern oder extern auswählen und beauftragen!

Präsentation

- Dokumentation und Präsentation aller Rollen und Prozesse zur Aus- und Weiterbildung der Mitarbeiter erstellen!

Auswahl von Software

- Den Aufbau der Rollen und der Geschäftsprozesse zur Auswahl der Informationstechnologie verwenden!
- Jedes Unternehmen im Maschinen- und Anlagenbau kann nach den vorliegenden Rollen und Geschäftsprozessen sein Branchenmodell auswählen und bestimmen. Als Kriterien bei der Auswahl von Software können nur gelten: Wie weit geht die Deckungsgleichheit und wie weit die Integration. Der Nutzen übersteigt den Anschaffungs- und Einführungspreis der Software um ein Vielfaches.

Vorgabe an Softwarehersteller

- Softwarehersteller können nach der vorgestellten Methode der integrierten Geschäftsprozesse die Funktionen den Rollen entsprechend entwickeln und somit jeden einzelnen Bildschirmplatz einrichten. Service und Fehlerbehebung können über das Internet abgewickelt werden.

12 Voraussetzungen zum Erfolg

Zum Erfolg im Maschinen- und Anlagenbau führen nur klare Zielsetzungen in der Produktstrategie, eine Ausbau des Mitarbeiter-Know-hows, eine permanente Bestbesetzung der Rollen und eine optimale Organisation der Geschäftsprozesse. Um Ziele zu erreichen, müssen Strategien entwickelt, Pläne und Aktivitäten konsequent und termingerecht durchgeführt werden.

12.1 Produktstrategie

Ziel
- Marktführerschaft und Marke des Produktes erreichen

Unterziele
- Markterkenntnisse fließen in das Produkt
- Mitbewerberanalyse zur permanenten Beurteilung der eigenen Chancen
- Mitarbeiter und Produkt müssen harmonisch in Einklang gebracht werden
- Produktionsanlagen nach Produktstrategien ausrichten
- Zulieferer nach den technischen und kaufmännischen Anforderungen als Partner gewinnen
- Produktdesign und Produktorganisation an den Marktanforderungen ausrichten

Strategie zur Produktentwicklung
- Alle marktspezifischen Erkenntnisse müssen in die Produktentwicklung einfließen
- Immer besser sein als der Mitbewerber
- Mitarbeiterausbildung nach Produktentwicklung
- Die Produktionsanlagen ausrichten nach Produkt

Pläne und Aktivitäten zur Produktentwicklung
- Kernkompetenzen des Produktes entwickeln und ausbauen
- Marktanforderungen permanent in Produktentwicklung einfließen lassen
- Mitarbeiterentwicklung entsprechend der Produktentwicklung ausbauen
- Produktionsanlagen planen und ausrichten nach Produktanforderungen
- Zulieferer nach Produktstrategie auswählen und pflegen.

12.2 Organisation von Rollen im Unternehmen

Mit den Rollen werden Aufgaben und Positionen des Unternehmens beschrieben.

Ziel

Die Matrix-Organisation der Rollen verschafft einen permanenten Überblick und garantiert, daß das Know-how der Mitarbeiter für die anfallenden Aufgaben innerhalb des Unternehmens ausreicht.

Unterziele

- Permanente Weiterbildung der Mitarbeiter nach Bedarf und Begabung
- Gerechte Entlohnung
- Bestmögliche Ergänzung für das Unternehmen bei der Einstellung neuer Mitarbeiter

Strategie zur Organisation von Rollen

Nach der Produktentwicklung müssen alle Rollen im Unternehmen bestmöglich besetzt werden.

Pläne und Aktivitäten zur Rollenorganisation

- Permanente Abstimmung der Rollen zu den Unternehmensanforderungen und Geschäftsprozessen
- Stellenbeschreibungen durchführen
- Gesamtorganisation einrichten
- Gezielte Personalbeschaffung
- Planen von Personalentwicklung
- Einsatz von Vergütungsmanagement
- Einrichten Personalzeitwirtschaft und Personalabrechnung

Gesamtorganisation einrichten

- Gesamtgeschäftsleitung
- Stabsstellen
  - Zentrale Auftragsleitstelle
  - Produktmanagement
  - Qualitätsmanagement

- Kaufmännische Leitung
    - Controlling
    - Finanzen
- Technische Leitung
    - Produktionsmanagement
    - Materialmanagement
    - Produktdatenmanagement
    - Detailengineering
- Marktmanagement
    - Marketing
    - Vertrieb
    - Service
    - Projektmanagement
    - Versand
- Personalmanagement

Zu jeder Rolle müssen die angestrebten Ziele, die zu bewältigenden Aufgaben mit einer Funktions- und Stellenbeschreibung hinterlegt werden.

12.3 Organisation von Geschäftsprozessen

Ziel

Die Geschäftsprozesse schildern Szenarien, die Auskunft darüber geben, wie die Aufgaben optimal gelöst und die Unternehmensziele erreicht werden können.

Unterziel

Es gilt, eine Integrierte Informationsverarbeitung der Geschäftsprozesse zu installieren und dabei die richtige Information zum richtigen Zeitpunkt am richtigen Arbeitsplatz zur Verfügung zu stellen.

Strategie für Organisation der Geschäftsprozesse

Nach den produktabhängigen Aufgaben der Rollenbeschreibung werden die relevanten Geschäftsprozesse festgelegt und mit integrierter Informationstechnologie ausgestattet.

Pläne und Aktivitäten der Geschäftsprozeßorganisation

- Beschreiben der Arbeitsweise aller Vorgänge
- Auswahl der passenden Informationstechnologie
- Einrichten der einzelnen Arbeitsplätze
- Schulung der Mitarbeiter mit moderner Präsentationstechnologie
- Permanenter Ausbau neuer Informationstechnologien

Index

A

Abrechnung 173
Änderungen 96
Änderungsmanagement 88
Änderungsvielfalt 28
Anfrageeingang 130
Angebotsabschluß 138
Angebotsabwicklung 60, 129
Angebotsdaten 142
Angebotskalkulation 136
Angebotsspezifikation 130
Angebotsstückliste 131
Angebotsüberwachung 137
Anlagenbau 23, 47
Anlagenwirtschaft 79, 213
Anonyme Lagerfertigung 165
Arbeitsplanverwaltung 168
Arbeitsplatz 55, 170
Archivierung 150
Aufgaben 35
Aufgabenkatalog 115
Auftragsabschluß 65, 149
Auftragsabwicklung 62, 141
Auftragscontrolling 145
Auftragsdaten 96
Auftragseröffnung 172
Auftragsfortschritt 173
Auftragskalkulation 143
Auftragsstückliste 151
Außendienst 128
Automatisierungstechnologie 33
Automobilindustrie 22

B

Basistechnologien 19
Bedarfsermittlung 186
Bedarfsplanung 70, 159
Bedarfsübergabe 144, 160
Belastungsanalyse 171
Belegprinzip 77
Berichtswesen 106

Beschaffungszyklus 186
Bestandsbewertung 81
Bestellabwicklung 187
Bestellpunktdispositon 181
Bestellüberwachung 188
Beurteilungssystem 119
Bezugsquellen 186
Bilanz/GuV 77, 191, 209
Billiglohnländer 33
Business Workflow 106

C

CAD-Integration 88
CAD-System 161
Charge 107
Controlling 79, 215

D

Datenaustausch 77
Debitorenbuchhaltung 79, 212
Deckungsbeitragsrechnung 80
DemoN 227
Detailplanung 26
Dispositionsverfahren 181
Dispositive Vielfalt 32
Dokumentation 71, 150
Dokumenteninfosatz 84
Dokumentenverwaltung 84, 87

E

EDIFACT 213
Einkauf 186
Einmalfertigung 30
Einzelfertigung 31
Endmontage 167
Engineering 71, 160
Erfolgsquellenanalyse 81
Ergebniscontrolling 219
Ergebnisrechnung 81
Ersatzteileabwicklung 151
Exportprüfung 137

F

Fakturierung 204
Fertigungssteuerung 172
Fertigungstiefe 25
Fertigungstypenvielfalt 30
Finanzbuchhaltungssystem 76
Finanzen 26
Fortschrittsanalyse 217
Freigabe 173
Freigabesteuerung 159

G

Gesamtprojektplan 28
Geschäftsführer 37, 100
Geschäftsleitung 37
Geschäftsprozesse 20, 83, 115, 125, 159, 209, 225, 255
Gewährleistung 150
Gewährleistungsabwicklung 66
Globalisierung 25, 63
Grenzkapazitäten 95
Grobkapazitätsplanung 96, 171
Grobplanung 26

H

Hauptbuchhaltung 209
Herstellkostencontrolling 81
Hochkonjunktur 20

I

Inbetriebnahme 26
Informationstechnologie 255
Integration 27, 35, 76, 103
Inventur 191
ISO 9000 102

J

Jahresabschluß 211

K

Kalkulation 136
Kapazitäten 27
Kapazitätsbedarf 171
Kapazitätsplanung 96, 171
kaufmännisches Management 76, 209
Kernprodukte 19
Klassifizierung 85
Kommissionierung 200
Komplexität 24, 63
Komponenten 22
Komponenten- und Teilefertigung 32
Konstruktionsstückliste 178
Kontenplan 77
Konventionalstrafe 98
Kostenträgerrechnung 219
Kreditorenbuchhaltung 79, 213
Kundenauftrag 178
Kundenauftragsbearbeitung 141
Kundenauftragsorientierung 23
Kundenmanagement 57, 125
Kundenorientierung 53
Kundenzufriedenheit 63

L

Lagerverwaltung 194
Lastenheft 135
Laufbahnplanung 119
Lieferantenauswahl 187
Lieferantenbeurteilung 188
Lieferposition 107
Liefertermin 98, 144
Lieferung 200
Logistikkette 76
Losgrößenverfahren 184

M

Marke 20
Marketing 58, 125
Marktanalyse 93, 125
Marktbeobachtung 57
Marktforschung 20
Marktführerschaft 20
Materialbestände 190
Materialbewertung 192
Materialdisposition 177, 180
Materialmanagement 74, 177
Materialstammsatz 87
Materialstücklisten 87
Materialverfügbarkeit 27
Mitarbeiter 55, 255
Mitarbeiterqualifikation 21

Monatsabschlusses 211
Montage 149
Montageabrechnung 153
Montageabwicklung 173
Monteureinsatzplanung 152
MRP 159, 178
MRP II 167

N

Nachfolgeplanung 118
Netzplan 178
Neueinlastung 95
Nutzen 235

O

ORG/DV 53
Organisation 20, 100
Organisationseinheiten 35
Organisationsmanagement 115
Organisationsmatrix 115
Organisationsmodell 115

P

PDM 83
Personalabrechnung 122
Personalbedarf 121
Personalbeschaffung 116
Personalbudget 120
Personalentwicklung 117
Personalmanagement 55, 115
Personalplanung 115
Personalzeitwirtschaft 121
Pilotentwicklung 94
Planung 97
Präsentationstechnik 225
Praxiserfahrungen 23
Preisbildung 81
Preisfindung 136, 143
Preispolitik 81
Preissteuerung 192
Produkt 19
Produktdatenmanagement 83
Produktentwicklung 93
Produktforschung 22
Produktionsanlagen 21

Produktionsmanagement 72, 165
Produktionsplanung 165
Produktkonfiguration 31, 134, 146
Produktkostencontrolling 81, 217
Produktmanagement 21, 42, 83
Produktorientierung 53
Produktstrategie 255
Projektfortschrittsanalyse 146
Projektmanagement 62, 145
Projektmanagementsystem 178
Projektplanung 96
Projektplanungsinstrumente 27
Projektsimulation 147
Projektstrukturen 29
Prozeßkette 86
Prüflos 107
Prüfmittelverwaltung 109

Q

Qualitätslenkung 106
Qualitätsmanagement 53, 102
Qualitätsmeldungen 106
Qualitätsplanung 106
Qualitätsprüfung 106
Qualitätssicherung 53
Qualitätszeugnisse 107

R

Rahmenvertrag 187
Rechenschaftslegung 76
Rechnungsprüfung 193
Rechnungswesen 77, 209
Rezession 20
Rhythmische Disposition 183
Rollen 35

S

Servicemanagement 63, 148
Serviceverträge 150
ship to stock 106
skip lot 106
Sondermaschinenbau 29, 47
Stabsstellen der Geschäftsleitung 37, 47, 83
Standardmaschinenbau 32

Stellenbeschreibungen 35
Stochastische Disposition 182
Stücklisten 87

T

Tagesabschlüsse 211
Technik 69
Technische Prüfung 135
technisches Management 159
Terminfindung 134
Terminkontrolle 99
Terminplanüberwachung 147
Terminplanung 98
Terminsitzung 99
Total-Compensation-Strategie 120
Transferstraße 131
Transport 203

U

Umbauabwicklung 152
Umsatzkapazitätsplanung 95
Unternehmenscontrolling 80

V

Vergütungsmanagement 119
Verpacken 200
Versand 74, 198
Versandhilfsmittel 201
Versandpapiere 204
Versendung 202
Vertrieb 60, 128, 141
virtuelle Unternehmenssteuerung 22
Vorabnahme 198
Vorgangsbeschreibung 170
Vorplanung 167

W

Wareneingang 189
Wartungspläne 151

Z

ZAL 47, 95, 159
Zeiterfassung 121
Zentrale Auftragsleitstelle 47, 95, 171
Ziele 35
Zulieferer 21

MyGalileo

Registrierung

Diskussionsforum

Ihr Serviceraum

Als moderner IT-Verlag präsentiert Galileo Press einen völlig neuartigen Service in der deutschen Verlagslandschaft: MyGalileo. MyGalileo ist ein **Informationsdienst im Internet** mit kostenlosen zusätzlichen Informationsangeboten zum Themengebiet dieses Buches.

Mit der unten stehenden **Registriernummer** erhalten Sie exklusiven Zugang zu MyGalileo. Sie registrieren sich als Galileo-Kunde, ähnlich wie Sie es von Software her kennen – doch viel einfacher und diskreter.

Und schon gelangen Sie in Ihren persönlichen **Serviceraum**: Hier können Sie sich von Fall zu Fall weitergehende Fachinformationen besorgen oder Aktualisierungen Ihres Buches; Sie können sich zusätzliche Beispiele und Tools herunterladen, oder Sie können sich in einem **Forum** Rat von einem Experten holen und direkt mit dem Autor kommunizieren.

Sie erreichen MyGalileo unter:
www.galileo-press.de

Ihre persönliche Registriernummer

00GP0810151